AF370794

LA RAGE

Extrait de la Revue des cours scientifiques

Paris. — Imprimerie de E. MARTINET, rue Mignon, 2.

LA RAGE

MOYENS D'EN ÉVITER LES DANGERS

ET DE PRÉVENIR SA PROPAGATION

CONFÉRENCE

FAITE DANS UNE DES SOIRÉES SCIENTIFIQUES DE LA SORBONNE

PAR

M. H. BOULEY

DE L'INSTITUT

Inspecteur général des Écoles impériales vétérinaires

PARIS

P. ASSELIN, SUCCESSEUR DE BÉCHET JEUNE ET LABÉ

LIBRAIRE DE LA FACULTÉ DE MÉDECINE

ET DE LA SOCIÉTÉ IMPÉRIALE ET CENTRALE DE MÉDECINE VÉTÉRINAIRE

Place de l'École-de-Médecine

1870

PRÉFACE

La conférence sur la rage que je crois utile de publier aujourd'hui, n'a pas reçu, lorsque je l'ai faite devant l'auditoire de la Sorbonne, tous les développements que je lui ai donnés en la rédigeant. Le temps que je pouvais lui consacrer ne l'aurait pas permis et je crois aussi que j'aurais abusé de la bienveillance du public qui me faisait l'honneur de venir m'entendre, si j'étais entré dans tous les détails que le sujet comporte. En cette matière comme en beaucoup d'autres, il est bon de savoir se borner. Mais je n'ai plus été arrêté par les mêmes scrupules lorsqu'il s'est agi de livrer cette conférence au public des lecteurs qu'on peut ne pas craindre de fatiguer, puisqu'il ne subit pas les mêmes obligations que celui d'un auditoire et qu'il reste libre de ne pas vous lire; et j'ai pensé ne rien faire que d'utile en achevant pour lui ce que j'avais seulement esquissé dans la soirée de la Sorbonne. C'est principalement à la seconde partie de cette conférence que j'ai donné ici de plus grands développements, parce que c'est celle que j'avais le plus écourtée dans la séance orale, pour m'étendre surtout sur la première, où se trouvent exposés les signes caractéristiques de la rage, et qui, par cela même, me paraissait être la plus importante au point de vue du but spécial que je me proposais d'atteindre. Ceux de mes auditeurs qui deviendront mes lecteurs, la retrouveront ici, telle à peu près qu'ils l'ont entendue. J'ai tenu à lui conserver sa forme première, qui explique et justifie les répétitions des mêmes idées, que j'ai faites à dessein, pour mieux les faire pénétrer dans l'esprit des personnes auxquelles je m'adressais.

Si la publication de cette conférence donne quelques résultats utiles, je me tiendrai pour satisfait de l'avoir entreprise et je croirai n'être que juste en rapportant, pour une grande part, le bien qu'elle pourra réaliser au ministre si intelligent des intérêts publics, sous les inspirations et par la volonté duquel les conférences de la Sorbonne ont été instituées : j'ai nommé M. V. Duruy.

H. BOULEY.

LA RAGE

Mesdames et Messieurs,

Je ne puis me défendre d'une grande émotion, en venant m'asseoir à cette place, dans ce célèbre amphithéâtre de l'antique Sorbonne, devant un auditoire si nombreux et si inaccoutumé pour moi par sa composition. Mais quelque chose me rassure et m'encourage : je sais d'abord que votre sympathie m'est acquise comme à tous ceux qui sont déjà venus dans cette enceinte remplir l'honorable mission dont je vais essayer, pour mon compte, de m'acquitter aujourd'hui; et ce qui m'encourage, c'est la conviction profonde où je suis que je vais faire une chose essentiellement utile. Ne croyez pas, en effet, qu'en prenant pour thème de cette conférence la rage des animaux, et tout particulièrement celle du chien, qui doit le plus nous intéresser en raison de sa cohabitation dans nos maisons, et de ses rapports d'étroite intimité avec nous; ne croyez pas que je me sois proposé de satisfaire en vous un sentiment de curiosité banale. Si je n'avais vu devant moi que ce but à atteindre, je me serais abstenu de le poursuivre. Mais plus hautes sont mes visées. Lorsque mon confrère et ami Jamin m'a fait la proposition de traiter, dans une des conférences de la Sorbonne, un sujet de ma compétence, si j'ai accepté et si j'ai choisi la rage, c'est que je savais, par mon expérience personnelle, et par mille et un faits qui sont à ma connaissance, que la meilleure manière de se mettre à l'abri des atteintes de cette redoutable maladie, c'est de la connaître, c'est de savoir comment elle se caractérise, surtout à sa période initiale, c'est-à-dire à un moment où elle est très-dangereuse sous ses apparences bénignes, car à cette époque elle est déjà susceptible de se communiquer; et cependant, *si l'on n'est pas prévenu*, rien dans les habitudes, dans la physionomie, dans les attitudes du chien malade, ne vous met en défiance contre lui. On voit bien qu'il n'est pas ce qu'il est d'ordinaire. Mais cette manière d'être inhabituelle ne peut en aucune façon faire soupçonner cette chose redoutable qu'on appelle la rage, si l'on ne connaît pas la signification de ce que l'on voit.

Eh bien, c'est justement cette signification, mesdames et messieurs, que je me propose de vous donner aujourd'hui, pour vous mettre en garde contre les dangers que peuvent vous faire courir les chiens qui sont les hôtes de nos demeures, nos commensaux de tous les jours, et nos suivants de toutes les heures.

J'ai la ferme conviction que, par cette initiation, je pourrai vous mettre à même de vous préserver vous, les vôtres et les autres, des atteintes de ce mal de rage dont le chien est la source presque exclusive dans notre pays.

Il ne faut pour cela qu'une seule chose : savoir à quoi l'on a affaire lorsque ce mal se manifeste par ses premiers signes. C'est ce que je vais essayer de vous apprendre; et quand bien même, en définitive, lorsque cette conférence sera terminée, je ne serais parvenu à faire qu'un seul prosélyte dans ce nombreux auditoire, eh bien, j'aurais encore le droit de dire, comme l'empereur Titus, que « je n'ai pas perdu ma journée », si toutefois ce mot a été vraiment prononcé par cet empereur, qui pourrait bien n'avoir pas été aussi bonhomme que la légende l'a fait. Mais c'est affaire entre M. Beulé et lui, et j'arrive à mon sujet, sans plus ample préambule.

Qu'est-ce que la rage? Sur ce premier point, je n'ai qu'une seule chose à vous dire, c'est que nous n'en savons rien, absolument rien. Peut-être trouverez-vous que ce n'était pas la peine de vous déranger pour vous faire entendre cet aveu si complétement *dépouillé d'artifice*; mais ce que je vous dois avant tout, c'est la vérité. Il m'eût été facile d'aller fouiller dans ce long amas d'écrits entassés sur la rage, et de vous dire tout ce qui a été rêvé sur la nature de cette étrange maladie ; mais nous n'avions aucun profit à tirer, dans ce cas, du fatras des vieux livres, et j'ai mieux aimé m'abstenir.

La nature de la rage est une énigme, dont le mot toujours cherché n'a jamais été trouvé. L'Œdipe qui doit le donner n'est pas encore venu. Il est vrai qu'ici le problème à résoudre est un peu plus difficile que celui dont le sphinx de Thèbes proposait la solution ; mais si grandes que soient les difficultés, il n'y a pas à désespérer de les voir quelque jour surmontées. Seulement, nous attendons encore, et aux jours où nous sommes, nous ne savons rien de la nature de la rage; nous ne savons rien non plus de son siége. Mais ce que nous savons bien, — et c'est là pour nous un fait d'une importance principale au point de vue où nous devons nous placer, — c'est que cette maladie, si profondément mystérieuse à l'endroit de sa nature et de son siége, possède la redoutable pro-

priété de se transmettre du chien qui en est affecté à d'autres
animaux carnivores ou herbivores, et aussi à l'homme ; en
un mot, la rage est une maladie contagieuse. Mais elle n'a
qu'un mode unique de transmission, c'est celui que l'on appelle l'*inoculation*. Pour que la rage se communique, il faut
qu'elle soit inoculée, c'est-à-dire que le liquide qui en contient le germe soit mis en rapport par une plaie, superficielle
ou profonde, petite ou grande, avec les vaisseaux susceptibles
de l'absorber. Ce que l'on a dit de la contagion de la rage par
l'intermédiaire de l'air, par l'haleine des malades, par leurs
émanations, par le contact de la sueur dont leur peau peut être
couverte : autant d'erreurs qui n'ont jamais eu pour elles,
même une apparence de fondement, et que la crainte seule
a pu inspirer.

La rage ne peut se transmettre que par voie d'*inoculation*,
et le seul agent de sa transmission est la salive devenue ce
que l'on appelle *virulente*. Le principe de la rage, ou autrement le virus de cette maladie (*virus* est un mot latin qui
signifie poison), ne réside que dans la salive. Toute autre humeur provenant d'un animal enragé est inoffensive. L'inoculation du sang, voire même sa transfusion, d'un animal
malade à un animal sain, sont toujours restées sans résultats.

Le germe de la rage est dans la salive et n'est que là.

Tout animal affecté de la rage, l'homme y compris, — je
demande pardon de cette catégorisation aux dames qui m'é-
coutent, — peut transmettre cette maladie par inoculation ;
en d'autres termes, la salive est virulente chez tous les sujets
enragés, à quelque espèce qu'ils appartiennent. Mais l'intensité des propriétés virulentes diffère beaucoup suivant les
espèces. C'est dans le chien et le chat, et dans les animaux de

leurs genres (*canis* et *felis*), qu'elle est le plus développée ; elle
s'affaiblit considérablement dans les herbivores, à tel point
même que l'inoculation expérimentale de la salive provenant
de ces animaux reste très-souvent stérile, tandis que dans le
plus grand nombre des cas, l'inoculation de la salive des carnivores donne des résultats positifs. L'homme, à cet égard,
participe de la nature des herbivores ; sa salive est virulente,
les expériences directes l'ont démontré, mais à un degré bien
inférieur à celui qui caractérise les carnivores.

Mais ce n'est pas seulement parce que leur salive est moins
virulente que les herbivores sont moins dangereux que les carnivores ; il y a à cela une autre raison : c'est qu'ils ont d'autres
mœurs et d'autres instincts. Ainsi, lorsqu'un animal herbivore,
obéissant aux impulsions irrésistibles de l'état rabique, devient
agressif, ce n'est pas avec ses dents que son instinct le pousse
d'abord à attaquer, mais bien avec ses pieds, si c'est un cheval, avec ses cornes frontales, s'il appartient aux espèces bovine et ovine ou caprine ; et s'il blesse en pareil cas, sa blessure peut être redoutable, mais non pas au point de vue de
la rage. Il est vrai qu'il a été écrit dans quelque livre que des
coups de griffes de chats enragés avaient transmis la rage à
ceux qui les avaient reçus. Si le fait était vrai, il se pourrait
expliquer par le dépôt de la salive sur ces griffes devenues
ainsi virulentes. Mais jamais un coup de corne de bœuf, de
taureau, de bélier, si furieuse soit la rage de l'animal qui le
donne, ne sera susceptible de communiquer cette maladie.
Ce que je dis là est presque naïf, mais puisque l'assertion
contraire a été soutenue, il faut bien la contredire.

Si, dans les premiers moments de leur maladie, les herbivores, en général, ne sont pas disposés à mordre, parce que

l'action de mordre n'est pas dans leurs instincts, cependant l'impulsion rabique peut les y déterminer, le cheval plus que tout autre, car, dans les conditions physiologiques, il est plus porté que les autres herbivores à se servir de ses mâchoires comme d'instruments de défense.

Mais, même lorsqu'un herbivore atteint de la rage fait usage de ses dents, sa morsure est moins dangereuse que celle du carnivore, d'abord parce que ses dents sont moins vulnérantes, en raison de la disposition de leurs tables, qui ne leur permet pas facilement de pénétrer dans les chairs, surtout à travers les vêtements ; et, en second lieu, parce que la salive de l'herbivore est, comme je l'ai déjà dit, infiniment moins virulente que celle du carnivore.

C'est donc surtout de la rage des carnivores et de celle du chien tout particulièrement que je vais m'occuper ici. Ce que je dirai de celle des autres animaux ne sera qu'accessoire.

DE LA RAGE DU CHIEN

En général, on se figure, et, dirai-je, naturellement, que lorsqu'un chien est affecté de la rage, sa maladie se caractérise d'emblée par des manifestations furieuses, des transports *frénétiques*, — car on peut se servir de ce mot, même en parlant d'une bête qui a son esprit à elle ; — on s'imagine qu'il est devenu tout à coup plus féroce qu'un tigre ou qu'un chacal, et qu'il n'obéit plus qu'à de cruels instincts, soudainement développés en lui, qui le poussent irrésistiblement à mordre et à déchirer ceux qui l'approchent, même les personnes qui lui sont le plus chères.

C'est là une idée fausse ; mais on comprend très-bien qu'elle règne sur les esprits, car le mot rage, dans notre langue comme dans toutes les autres du reste, n'exprime pas autre chose que les passions furieuses, la colère, la haine, la cruauté. Dans le style élevé, comme dans le langage commun, il a la même signification ; et même lorsque ce mot est employé d'une manière figurée ou familière, il exprime toujours quelque chose d'excessif et d'outré. Je ne saurais trop vous mettre en garde contre cette idée si fausse que l'on se fait de la rage du chien, sur la foi même du mot qui sert à la qualifier. Cette maladie ne se caractérise pas, dans les premiers temps de sa manifestation, par des accès de fureur et des actes de férocité : souvent même c'est le contraire qui a lieu.

> Un seul jour ne fait pas d'un mortel vertueux
> Un infâme assassin, un lâche incestueux,

dit l'infortuné fils de Thésée dans la tragédie de *Phèdre*. On peut appliquer cette pensée au malheureux animal qui ressent les premières atteintes de la rage. Un seul jour ne fait pas d'un chien affectueux cet animal féroce, furieux et cruel à l'excès que tout le monde croit. C'est par une transition insensible qu'il arrive à la période de la frénésie rabique. Mais quand bien même cette période n'est pas encore déclarée, il faut que l'on sache bien que, du moment que les premiers symptômes de la rage ont apparu, déjà la salive du malade est devenue virulente, et que *ses lèchements peuvent être tout aussi dangereux que ses morsures.*

Pénétrez-vous donc bien de cette vérité, sur laquelle j'insiste à dessein, car c'est un préjugé bien redoutable que celui qui admet que la rage est nécessairement et toujours une maladie caractérisée par la fureur. De tous ceux qui sont accrédités dans le monde au sujet de cette étrange affection, c'est peut-être le plus fécond en désastres, puisqu'il enlève ou éteint toute défiance à l'égard du chien *malade*, qui ne manifeste aucune propension à mordre. Or, vous allez le voir, la rage se montre toujours, à sa première période, sous des apparences d'une extrême bénignité ; mais malgré cette apparence, elle n'en existe pas moins, elle ne possède pas moins cette terrible réalité qu'on appelle la virulence.

Je vais essayer maintenant de vous la dépeindre et de vous la caractériser par ses traits les plus saillants, dans ses périodes successives.

« Si les animaux n'existaient pas, a dit Buffon, la nature » de l'homme serait encore plus incompréhensible. » Cette pensée est juste ; mais il me semble que l'on peut dire avec une égale vérité, que la nature de l'homme, éclairée par sa conscience, dans les faits d'ordre psychologique, permet de mieux comprendre et de mieux interpréter les manifestations intellectuelles ou instinctives des animaux. Nous allons avoir l'occasion de vérifier tout à l'heure l'exactitude de cette proposition, lorsque nous demanderons aux faits de la rage de l'homme l'interprétation de quelques-uns des symptômes par lesquels celle du chien se traduit.

a. *Symptómes qui procèdent de l'habitude extérieure du chien enragé.*

Le mot habitude est pris ici dans le sens physiologique ; il exprime la manière d'être spéciale de l'animal, son aspect, ses caractères extérieurs enfin.

A la période initiale de sa maladie, le chien enragé change d'humeur ; il devient triste, sombre, et dirai-je volontiers, taciturne. Il cherche à s'isoler, se complaît dans la solitude et dans l'obscurité, et va se cacher dans les recoins des appartements, sous les meubles. Mais déjà pour lui il n'y a plus de repos ; à peine s'est-il couché, arrondi sur lui-même, dans l'attitude habituelle du chien qui s'endort, que, par un acoup subit, il se redresse, s'agite, va et vient dans la chambre, puis se remet en position pour dormir, y reste quelques minutes, en change encore et toujours ainsi. En d'autres termes, l'animal est dans un état continuel d'inquiétude et d'agitation qui contraste avec ses habitudes, et doit, par cela même, éveiller et fixer l'attention.

Mais, dans cette première période, il ne montre aucune propension à mordre ; il est encore docile à la voix de son maître, et va vers lui quand il s'entend appeler. Toutefois, ce n'est pas avec le même empressement que par le passé, et surtout avec la même expression de physionomie. Si sa queue est agitée, elle est lente dans ses mouvements. Son regard a quelque chose d'étrange ; destitué de son animation habituelle que la voix du maître n'a réveillée qu'un instant, il n'exprime plus qu'une sombre tristesse ; et dès que l'animal ne se sent plus sous l'excitation de cette voix, il retourne à sa solitude et à ce que l'on peut bien appeler ses tristes pensées, car le chien pense, il a ses idées à lui, qui, pour être des idées de chien, n'en sont pas moins, à son point de vue, de très-bonnes idées, quand il se porte bien.

Ces premiers symptômes s'accusent de plus en plus ; l'agitation du malheureux animal va croissant ; s'il est sur une litière, il la disperse et l'éparpille sous le grattement de ses pattes ; dans un appartement, il retourne et bouleverse les coussins ou les tapis sur lesquels il se couche d'ordinaire ; mais nulle part il ne trouve où se reposer et se livre à un va-et-vient continuel, faisant sans cesse retentir le parquet du frappement de ses ongles, grattant le sol, flairant dans les coins, sous les portes, comme s'il était sur une piste ou à la recherche de quelque objet perdu.

Il est une particularité très-remarquable de cette période initiale de l'état rabique du chien qu'un célèbre vétérinaire anglais, Youatt, a le premier signalée et bien décrite, c'est l'aberration de ses sens qui lui font voir, entendre, sentir des objets tout imaginaires ; en un mot, le chien enragé éprouve des hallucinations. Peut-être quelques-uns de mes auditeurs s'étonneront-ils de me voir employer ici cette expression. Mais est-ce que le chien n'est pas un être intelligent ? est-ce qu'il n'a pas ses idées, comme je le disais tout à l'heure ? est-ce qu'il n'a pas ses rêves qui se traduisent pour ainsi dire objectivement à nos sens, quand nous l'observons pendant son sommeil, par l'agitation de sa queue, ses jappements, son sifflement nasal ou ses grondements sourds ? Il n'y a donc rien d'extraordinaire à ce que, lorsqu'il se trouve sous le coup de l'excitation nerveuse dont l'état rabique est la cause, son cerveau perçoive des sensations qui sont du même ordre que celles qui constituent les rêves. De fait, c'est ce qui a lieu. Quand on observe attentivement un chien enragé, sans le troubler et sans l'exciter par aucune manifestation qui pourrait détourner son attention, on peut deviner, d'après ses gestes et ses attitudes, la nature des sensations qu'il perçoit et qui le déterminent. Tantôt, en effet, l'animal se tient immobile, attentif, comme aux aguets ; puis tout à coup il se lance devant lui et mord dans l'air, ainsi qu'il le fait dans l'état de santé, lorsqu'il veut attraper une mouche au vol. D'autres fois, il se précipite furieux et hurlant contre un mur, comme s'il avait entendu de l'autre côté des bruits menaçants. Quelle est la signification de ces mouvements qui n'ont rien de désordonné, qui sont au contraire parfaitement dirigés par la volonté de l'animal? Les faits de la pathologie humaine nous la donnent : le chien comme le malade de notre espèce éprouve des hallucinations ; il voit des ennemis, il les entend, il les poursuit, il se jette sur ces fantômes et les mord comme s'ils étaient des réalités.

Ne croyez pas cependant que lorsqu'il est ainsi déterminé à se servir de ses mâchoires contre des êtres imaginaires et qu'il se livre à de tels mouvements agressifs, les instincts féroces soient déjà développés en lui. Il n'en est rien : à cette époque de sa maladie, le pauvre animal est encore docile et soumis ; il suffit, pour le faire sortir de son état de délire passager, que la voix de son maître se fasse entendre et l'appelle : « Dispersés par cette influence magique, tous les objets de sa terreur s'évanouissent, et l'animal rampe vers son maître avec l'expression d'attachement qui lui est particulière » (Youatt).

Je vous ai déjà dit, mesdames et messieurs, et même avec une certaine insistance dont je ne me fatiguerai pas, que la rage chez le chien, à sa période initiale, n'était pas une maladie caractérisée par la fureur, comme on l'admettait généralement; qu'au contraire elle se manifestait avec des apparences d'une extrême bénignité. Je dois maintenant vous signaler une particularité plus grave encore : non-seulement le chien enragé n'est pas agressif, surtout au début de son mal, pour les personnes auxquelles il est attaché, mais il semble au con-

traire que chez lui les sentiments affectueux grandissent et
s'exagèrent, pour ainsi dire, proportionnellement à l'état de
malaise intérieur qu'il éprouve. Son instinct le pousse, à de
certains moments, à se rapprocher de son maître, comme pour
lui demander un soulagement à ses souffrances, et si on le
laisse faire, il témoigne volontiers sa reconnaissance, pour les
soins qu'on lui donne, par ses léchements sur les mains ou
sur le visage. Ce sont là de perfides caresses contre lesquelles
je ne saurais trop vous mettre en garde, car, tout aussi sûre-
ment que les morsures, elles peuvent inoculer la rage si la
langue, humide d'une bave déjà virulente, rappelez-vous-le,
vient à toucher des parties dont la peau est excoriée et blessée. La plus petite écorchure, en pareil cas, peut être une
porte ouverte à la mort, et quelle mort ! Que dis-je, peut-
être ? mais elle l'a été maintes et maintes fois; elles se comptent par centaines, dans les annales de la nécrologie rabique,
les victimes de ces caresses empoisonnées données par des
chiens dont on ne soupçonnait pas la redoutable maladie.
Que ces terribles enseignements ne soient pas perdus ! Le
danger que je signale ici est de ceux qu'on peut facilement
éviter, et il doit suffire, ce me semble, d'en être averti pour
qu'on ne l'encoure pas.

Ce sentiment affectueux du chien enragé pour ses maîtres
est tellement puissant et tenace qu'il le domine, même dans
la période furieuse de sa maladie, s'impose à lui et demeure
plus fort que l'impulsion rabique, c'est-à-dire que cet instinct
féroce et tout morbide qui le détermine à mordre d'une manière que l'on peut appeler fatale ; mais cette fatalité est sur-
montée par un effort de la volonté de l'animal ou pour mieux
dire par la puissance de son attachement. En cela on peut

dire que le chien participe de la nature de l'homme qui,
dans les mêmes conditions maladives, a la conscience du mal
qu'il peut faire et sait l'épargner aux autres.

Si le chien enragé respecte le plus souvent ses maîtres et
leur épargne ses morsures, même à la période la plus furieuse
de sa maladie, de leur côté ceux-ci exercent presque toujours
sur lui une puissante influence, assez efficace dans un assez
grand nombre de cas, pour que la rage de leur animal reste
pour ainsi dire latente, et ne se manifeste pas par des accès
de fureur et des envies de mordre. C'est encore là une particularité bien remarquable, qui est souvent une condition de
salut pour le groupe des personnes que leurs relations de voisinage ou d'intimité exposent à être les premières atteintes
par un chien malade de la rage. Tant que ses maîtres agissent
sur lui par leur présence et par leurs paroles qui ont, semble-t-il, quelque chose de fascinateur, ses instincts féroces
sont contenus et ne font pas explosion. L'animal reste doux,
même abordable encore pour des personnes étrangères—(cependant il ne faut pas trop s'y fier);—le sentiment de la soumission et celui de l'attachement demeurent supérieurs en
lui à ceux que l'instinct rabique fait naître et développe. J'ai
été, pour ma part, bien souvent témoin du fait que je signale
ici; bien des fois, par exemple, j'ai vu, dans la cour des hôpitaux de l'école d'Alfort, des chiens atteints de rage que l'on
tenait simplement en laisse et non muselés et qui, grâce à la
présence de leurs maîtres, restaient complétement inoffensifs
au milieu de la foule dont ils étaient entourés et ne manifes-
taient leur fureur rabique qu'après leur séparation d'avec la
personne qui les avait amenés. Ils sont bien nombreux aussi
les faits que j'ai recueillis ou qui sont inscrits dans les annales,

de chiens malades de la rage, laissés libres dans les maisons, continuant à vivre dans l'intimité de leurs maîtres, cou-
chant dans leurs chambres et jusque sur leur lit et s'abstenant
de commettre aucun méfait sur eux, sur les personnes de leur
famille, sur les enfants eux-mêmes, malgré leurs taquine-
ries, et sur les gens de la domesticité; et cela, notons-le bien,
pendant un, deux et trois jours et même au delà, c'est-à-dire
pendant une période de temps suffisante pour que la maladie
arrive à son plus haut paroxysme.

J'ajouterai maintenant que, même dans cette période de
paroxysme, lorsque la rage est pour ainsi dire déchaînée et
que l'animal qu'elle domine se livre à tous les emportements
de la fureur, eh bien, même encore dans ce cas, la voix du
maître, et volontiers, dirai-je, sa parole est écoutée ; il suffit
qu'elle se fasse entendre pour que l'animal rentre quelques
instants dans le calme, au milieu de ses accès, qu'il essaye
même quelques mouvements de sa queue, et qu'à travers son
œil fauve et sombre passe comme un éclair de ce sentiment
affectueux qui l'animait autrefois.

Cette parole *amie* et *aimée*, que le pauvre animal compre-
nait si bien avant qu'il fût en proie à son terrible mal, elle
peut encore exercer sur lui assez d'empire pour le ramener
même lorsque, échappé à toute entrave, il erre en liberté
dans les cours, dans les jardins, sur les routes, et que déjà il
s'est livré à des actes de férocité. Même dans ces conditions,
il n'est pas rare que le chien réponde encore à l'appel de son
nom, lorsque c'est son maître qui le prononce, et que, dompté
et comme résigné, il aille à lui avec soumission et se laisse
remettre au cou la chaîne d'attache. Heureuse circonstance,
grâce à laquelle bien des malheurs peuvent être évités, lors-

que les propriétaires des chiens échappés en plein accès de
rage savent dominer leurs propres frayeurs, et mettre à profit
cette sorte d'immunité que leur assure l'attachement encore
vivace de leur pauvre bête. Dire qu'en pareil cas ils ne courent aucun danger personnel, ce serait aller au delà du vrai,
car il y a des chiens que la fureur rabique égarent au point
qu'ils méconnaissent jusqu'à leurs maîtres ; mais ce qui est
certain, c'est que ceux-ci, dans le plus grand nombre des circonstances, ont pour eux le bénéfice d'une sorte de grâce
d'état, et qu'en définitive, dans le danger commun, ce sont
eux qui sont le moins menacés.

Vous pouvez juger, par ces premiers traits, quelle fausse
idée on se fait de la rage canine lorsqu'on s'imagine que, dès
les premiers moments de sa manifestation, elle se traduit par
des accès de fureur et des envies de mordre. Bien loin qu'il
en soit ainsi, c'est le contraire qui est le vrai : ce ne sont pas
les morsures du chien enragé qu'il faut redouter dans les premiers temps de sa maladie, mais bien ses caresses, qu'on peut
dire, à la lettre, empoisonnées.

Je reviens toujours sur ces premiers caractères de la rage
canine parce que c'est leur *méconnaissance*, si je puis dire
ainsi, qui est cause d'un grand nombre de malheurs. Avec les
idées qui courent sur le mode d'expression de cette maladie,
on a peine à croire que cet animal, actuellement encore si
doux, si docile, si soumis, si humble à vos pieds, qui vous
lèche les mains et le visage et vous manifeste son attachement
par tant de gestes si expressifs, porte en lui le germe de la
plus terrible maladie qui soit au monde. De là vient une confiance et, qui pis est, une crédulité dont sont trop souvent
victimes ceux qui possèdent des chiens, surtout ces chiens

intimes qui sont pour l'homme le plus sûr des amis, tant qu'ils ont leur *raison*, mais qui, sous l'influence de la rage, peuvent devenir et deviennent en effet des ennemis d'autant plus dangereux qu'ils sont traîtres sans le vouloir et que c'est par leurs caresses qu'ils vous tuent.

N'est-il pas vrai, mesdames et messieurs, que ces premiers symptômes que je viens de vous dépeindre sont déjà bien significatifs, et ne vous semble-t-il pas que si tout le monde était prévenu par des avertissements répétés du sens réel qu'il faut leur attribuer, bien des malheurs seraient évités qui ne résultent que de l'ignorance commune à cet égard.

Méfiez-vous donc, vous dirai-je, pour résumer cette première partie de ma dissertation, méfiez-vous du chien qui commence à devenir malade ; tout chien malade doit être suspect en principe.

Méfiez-vous surtout de celui qui devient triste, morose, et recherche la solitude ; qui ne sait où reposer ; qui sans cesse va, vient, rôde, happe dans l'air, aboie sans motif, et par un acoup soudain, dans le calme le plus complet des choses extérieures ; dont le regard est sombre et ne s'anime, que par éclairs, de son expression habituelle.

Méfiez-vous du chien qui cherche et fouille sans cesse et se livre à des mouvements agressifs contre des fantômes.

Méfiez-vous enfin et surtout de celui qui est devenu pour vous trop affectueux et qui semble vous implorer par ses lèchements continuels.

Ainsi prévenus et mis sur vos gardes, vous pourrez vous tenir à l'abri des plus graves dangers que les chiens, appelés familiers, peuvent nous faire encourir dans nos demeures.

Je continue l'exposé de mon sujet.

b. *Symptômes qui procèdent de l'appareil digestif.*

De toutes les opinions qui ont cours sur la rage du chien, l'une des plus accréditées est celle qui admet que cette maladie se caractérise toujours par l'*horreur de l'eau*, et que conséquemment, lorsqu'un chien malade n'a pas cette horreur, c'est qu'il n'est pas enragé. Ces deux idées se trouvent aujourd'hui si étroitement associées, que le nom du symptôme *réputé* constant est synonyme de la maladie. On dit d'un chien enragé qu'il est *hydrophobe*, et l'*hydrophobie* c'est la rage, comme la rage c'est l'*hydrophobie*.

Voilà, mesdames et messieurs, une funeste erreur qu'il faut s'empresser de déraciner, car elle a été, elle aussi, fertile en conséquences désastreuses.

Il n'est pas vrai que le chien enragé soit hydrophobe; l'eau ne lui fait pas horreur; quand on lui offre à boire, il ne recule pas épouvanté. Loin de là, il s'approche du vase, il lape avidement le liquide ; il le déglutit toujours dans les premières périodes de sa maladie, et lorsque la constriction de sa gorge rend la déglutition difficile, il n'en essaye pas moins de boire, et alors ses lapements sont d'autant plus répétés et prolongés qu'ils demeurent plus inefficaces. Souvent même on le voit alors, en désespoir de cause, plonger le museau tout entier dans le vase et *mordre*, pour ainsi dire, l'eau qu'il pompe inutilement et à laquelle il ne peut faire franchir le détroit de son gosier convulsivement resserré. Le supplice qu'il éprouve a quelque analogie avec celui de Tantale qui, dévoré par la soif, voyait fuir devant lui, au moment où il se penchait

2.

pour boire, les eaux du fleuve dans lequel il était plongé :

> Tantalus, a labris, sitiens fugientia captat
> Flumina......

Je demande pardon de cette réminiscence aux dames de mon auditoire ; mais n'est-elle pas naturelle, dans ce vieil amphithéâtre de la Sorbonne, où l'on parle latin depuis tant de siècles, qu'il semble que les murs eux-mêmes doivent en être imprégnés.

Je reviens à mon sujet. Les chiens enragés ont si peu horreur de l'eau, qu'on en a vu traverser des rivières à la nage pour aller se jeter sur des troupeaux de moutons qu'ils avaient aperçus sur l'autre bord.

D'où vient donc, à l'égard de la rage, ce préjugé de l'hydrophobie, aujourd'hui si profondément enraciné dans les esprits ? C'est que ce terrible symptôme étant presque constant dans la rage de l'homme, on a admis par un *a priori* et sans autre informé, en substituant l'analogie à l'observation directe, que le chien devait être hydrophobe dans l'état rabique, puisque l'homme l'était.

Oui, l'homme a presque toujours une horreur invincible de l'eau lorsqu'il est sous le coup de cette effrayante maladie, et il subit alors cette indicible torture d'être tout à la fois dévoré par la soif et épouvanté par la vue du liquide qui pourrait en éteindre les ardeurs. Que voilà dépassées et de bien loin, par une terrible réalité, toutes les conceptions des poëtes ! Tantale, dans son fleuve, avait au moins, pour l'apaisement de sa soif, le bénéfice de l'immersion que la physiologie a démontrée depuis être si efficace, et que Jupiter ignorait sans doute ; — à son époque la physiologie était si peu avancée ! — Mais sentir son gosier aride, voir devant soi le liquide, pouvoir le prendre, l'approcher de ses lèvres, et se trouver forcé de le repousser parce qu'il vous inspire une' insurmontable horreur, peut-on rien concevoir, en fait de tortures, qui soit supérieur à celle-ci ? Et cette torture ce n'est pas, hélas! quelque chose d'imaginaire; beaucoup de victimes déjà l'ont subie, et parmi elles, le nombre est grand de celles qui ont dû leur malheur aux morsures et aux caresses de chiens familiers, auprès desquels elles vivaient dans une sécurité trompeuse, malheur qu'elles auraient évité, si, éclairées sur la signification des choses, elles avaient su sous quelle forme le danger pouvait se présenter à elles, et s'étaient tenues en garde contre lui. Méfiez-vous donc des chiens malades, quand bien même ils sont avides de boire, et gardez-vous de conclure qu'ils ne sont pas enragés, lorsque vous constatez qu'ils ne sont pas hydrophobes, car l'hydrophobie, j'insiste sur ce point, n'existe chez les chiens dans aucune des périodes de leur état rabique.

Au début de son mal, le chien enragé ne refuse par d'ordinaire sa nourriture et quelques-uns même font preuve, lorsqu'on la leur présente, d'une voracité qui ne leur est pas habituelle. Mais tous ne tardent pas à perdre complétement l'appétit. Chose remarquable alors et tout à fait caractéristique ! Soit qu'il y ait chez l'animal enragé une véritable dépravation de l'appétit ou, plutôt, que le symptôme que je vais signaler soit l'expression d'un besoin fatal et impérieux de mordre auquel l'animal obéit, on le voit saisir avec ses dents, déchirer, broyer et déglutir enfin une foule de corps étrangers à l'alimentation.

La litière sur laquelle il repose dans les chenils, la laine des coussins dans les appartements, la couverture des lits quand, chose si commune, il couche avec ses maîtres ; les tapis, le bas des rideaux, les pantoufles, le bois, le gazon, la terre, les pierres, le verre, la fiente des chevaux, celle de l'homme, la sienne même, tout y passe. Et à l'autopsie d'un chien enragé, on rencontre si communément dans son estomac un assemblage d'une foule de corps disparates de leur nature, sur lesquels s'est exercée l'action de ses dents, que rien que le fait de leur présence suffit pour établir la très-forte présomption de l'existence de la rage : présomption qui se transforme en certitude lorsque l'on est renseigné sur ce qu'a fait l'animal avant de mourir.

Cela connu, on doit se tenir fortement en garde contre un chien qui, dans les appartements, déchire avec obstination les tapis, les couvertures ou les coussins ; qui ronge le bois de sa niche, mange la terre dans les jardins, dévore sa litière, etc., et tout cela, le plus souvent sans manifester aucune méchanceté contre les personnes. Celles-ci ne se voyant pas attaquées restent presque toujours sans défiance, parce qu'elles ne se rendent pas compte de la signification des faits bizarres dont elles sont témoins. Et cependant, rien de plus important que ces faits, car ils sont un prélude. L'animal assouvit sa fureur rabique naissante sur des corps inanimés, mais le moment est bien proche où l'homme lui-même ne sera pas épargné et où le chien en délire pourra porter ses dents, même sur son maître, si affectionné qu'il lui soit.

C'est une croyance assez généralement répandue que le chien enragé bave abondamment, et que sa bouche est toujours remplie d'écume, en sorte qu'on ne se le figure pas autrement ; aussi, lorsqu'on n'observe pas ce symptôme sur un

chien malade, est-on naturellement porté à croire que ce
n'est pas à la rage qu'on a affaire ! Grave erreur encore que
celle-là, et qu'il ne faut pas laisser subsister !

La sécrétion salivaire ne s'exagère dans l'état rabique que
lorsque la maladie touche à son paroxysme, c'est-à-dire à sa
période de fureur ; mais avant cette époque, rien n'indique
que la salive flue vers la bouche avec plus d'abondance que
dans l'état physiologique. Un chien peut donc être parfaitement enragé sans qu'il bave et sans qu'il écume.

J'appelle maintenant votre attention sur un autre symptôme, moins constant que ceux que je viens de passer en
revue, mais d'une importance très-considérab'e, en raison des
méprises redoutables auxquelles il peut donner lieu. Dans
de certaines conditions de l'état rabique qu'il me serait bien
difficile de spécifier ici, et même ailleurs, la gueule du chien
reste béante, parce que les muscles paralysés de la mâchoire
inférieure sont impuissants à la fermer. Dans ce cas, la
membrane qui tapisse l'intérieur de la bouche se sèche sous
le courant continuel de l'air auquel elle est exposée, revêt
une teinte rouge foncée et se couvre par places d'une couche
brunâtre de poussière ou de terre desséchée, qui adhère no-
tamment à la surface supérieure de la langue et sur les
lèvres. La physionomie que donnent à l'animal l'écartement
forcé de ses mâchoires et la couleur foncée de l'intérieur de
la bouche, est rendue plus remarquable encore et plus caractéristique par l'expression de l'œil qui devient terne et s'éteint
pour ainsi dire.

Dans de telles conditions, l'animal est peu dangereux par
lui-même, car il est désarmé, et voulût-il mordre qu'il ne le
pourrait pas. Mais, rappelez-vous-le bien, sa salive n'en est

pas moins virulente, et si on se l'inocule par des manœuvres imprudentes, on peut être aussi fatalement voué à la rage que si l'inoculation était faite par une morsure. Or, il y a ici un grave danger contre lequel je dois vous prémunir : c'est celui de se laisser entraîner à faire, avec les doigts, des explorations dans l'intérieur de la bouche du chien malade pour s'assurer si l'obstacle qui s'oppose au rapprochement de ses mâchoires, ne serait pas un os arrêté entre les dents ou dans le pharynx. Car c'est à cette idée que l'on se fixe naturellement quand on ne connaît pas la signification des choses, et si le chien est affectionné, ou veut lui porter secours en le débarrassant de la cause présumée de ses souffrances. Mais sa salive est virulente, je le répète ; et si l'on porte aux doigts quelque écorchure, si l'on se blesse contre les dents, ou si encore, chose possible, par un mouvement convulsif l'animal rapproche ses mâchoires et fait une morsure, dans toutes ces conditions le germe du mal peut être inoculé et les plus funestes conséquences sont à craindre. L'histoire du passé fournit de terribles exemples d'inoculations faites de cette manière.

Méfiez-vous donc toujours d'un chien dont les mâchoires se maintiennent écartées, car cet écartement peut être le signe de la rage, soit qu'il caractérise la variété particulière que l'on appelle la *rage-mue*, soit qu'il ait apparu dans une des phases de la rage furieuse. D'une manière ou d'une autre, c'est un signe redoutable, et, dans l'un et l'autre cas, on doit éviter de se souiller les mains avec la salive qui, quelle que soit l'expression symptomatique de l'état rabique, est toujours virulente.

Méfiez-vous aussi d'un autre symptôme que peut présenter

le chien enragé et qui procède de la sensation de constriction et d'astriction qu'il éprouve à la gorge, sous l'influence du spasme rabique et par le fait aussi de la sécheresse de sa bouche : je veux parler des gestes qu'il fait, quelquefois avec ses pattes de devant, de chaque côté de ses joues, comme pour se débarrasser d'un os qui serait arrêté au fond de sa gorge ou entre ses dents. Dans ce cas encore, trompé par les apparences ou se méprenant sur leur signification, on est volontiers disposé à venir au secours de l'animal qui indique par ses gestes le siége de sa souffrance et qui semble aussi en indiquer la cause. Mais gardez-vous bien de vous laisser aller à ce mouvement de charité, car ici les explorations peuvent avoir des suites d'autant plus dangereuses que le chien étant libre de mordre, la contrariété qu'il éprouve peut le déterminer à se servir contre vous de ses mâchoires.

Si je m'étais proposé de vous dire tout ce que comportent l'histoire et l'étude de la rage canine, le moment serait venu de vous parler de *boutons* particuliers, dont on a signalé l'éruption sous la langue, de chaque côté de son frein, dans la période d'incubation de cette maladie. Mais, au point de vue où je dois rester ici, l'histoire de ces boutons, que l'on désigne sous le nom de *lysses*, n'a pas d'importance réelle, puisqu'ils constituent un symptôme *trop caché* pour qu'il puisse servir à faire reconnaître la maladie. Je ne fais donc qu'en signaler ici l'existence possible et je continue.

Parmi les symptômes fournis par l'appareil digestif, dans la période initiale de la rage, il en est un, très-exceptionnel, et par cela même plus insidieux peut-être que les autres, sur lequel je dois fixer votre attention : c'est le vomissement sanguinolent qui provient sans doute des blessures faites à la muqueuse de l'estomac par des corps durs, à angles acérés, que l'animal a pu déglutir. Il faut se méfier de ce symptôme et, tout exceptionnel qu'il soit, l'associer dans votre esprit à l'idée de l'existence possible de la rage, de manière à vous tenir en garde contre l'animal qui peut le présenter. Aussi bien, je dirai à cette occasion que lorsqu'il s'agit des maladies internes des animaux de l'espèce canine, il est prudent, pour se mettre à l'abri des menaces de la rage, de considérer en principe ces animaux comme *suspects* et d'user avec eux de précaution jusqu'à ce que l'on sache à quoi l'on à affaire. J'ai, pour ma part, adopté depuis longtemps cette ligne de conduite, et c'est à elle que j'attribue l'immunité dont j'ai joui pen lant la durée de ma longue carrière clinique.

c. *Symptômes qui procèdent de l'expression vocale.*

L'aboiement du chien enragé est tout à fait caractéristique, si caractéristique que, lorsqu'on en connaît la signification, on peut, rien qu'à l'entendre, affirmer à coup sûr l'existence d'un chien enragé là où cet aboiement a retenti. Et il ne faut pas, pour arriver à cette sûreté de diagnostic, que l'oreille ait été longtemps exercée. Celui qui a entendu une ou deux fois hurler le chien qui *rage* en demeure si fortement impressionné quand, cela va de soi, on lui a donné le sens de ce hurlement sinistre, que le souvenir en reste gravé dans sa mémoire, et lorsqu'une autre fois le même bruit vient à frapper son oreille, il ne se méprend pas sur sa signifi cation.

Je ne réussirai pas sans doute à vous faire comprendre fa-

cilement par des paroles ce que c'est que le hurlement rabique. Pour en donner une idée bien nette, il me faudrait avoir
une faculté d'imitation que je ne possède malheureusement
pas. Je dois donc me borner à vous dire que l'aboiement du
chien, sous le coup de la rage, est remarquablement modifié
dans son timbre et dans son mode. Au lieu d'éclater avec sa
sonorité normale et de consister dans une succession d'émis-
sions égales en durée et en intensité, il est rauque, voilé,
plus bas de ton, et, à un premier aboiement fait à pleine
gueule, succède immédiatement une série de cinq, six ou
huit hurlements décroissants qui partent du fond de la gorge,
et pendant l'émission desquels les mâchoires ne se rappro-
chent qu'incomplétement, au lieu de se fermer à chaque
coup, comme dans l'aboiement ordinaire.

Ces hurlements prolongés ont quelque chose de lugubre
et de sinistre qui vous remue jusque dans l'épigastre, lorsqu'on sait ce qu'ils veulent dire, et il est probable que les
présages de malheur qui, d'après les traditions populaires, se
rattachent aux hurlements des chiens contre la lune, n'ont
pas d'autres fondements que les souvenirs laissés dans les
esprits des désastres causés par des chiens enragés, qui avaient
fait entendre, la nuit, leurs hurlements sinistres quelque
temps avant de se livrer à leurs fureurs.

La description que je viens d'essayer tout à l'heure n'a pu
vous donner, sans doute, qu'une idée bien incomplète de
l'aboiement rabique ; mais l'important ici, c'est que vous de-
meuriez bien convaincus que toujours la voix du chien enragé change de *timbre*, que toujours son aboiement s'exécute
sur un mode complétement différent du mode physiologique.
Il faut donc se tenir en défiance quand la voix connue d'un

chien familier vient à se modifier tout à coup et à s'exprimer par des sons qui, n'ayant plus rien d'accoutumé, doivent frapper par leur étrangeté même.

Maintenant, pour achever vos convictions, je veux vous donner la preuve, par le récit d'une anecdote authentique, de la grande valeur qu'il faut attacher à l'aboiement modifié du chien comme signe de rage. Il y a quelques années, deux élèves vétérinaires, rentrant à l'école d'Alfort vers neuf heures du soir, entendirent le hurlement de la rage, poussé par un chien de garde dans une maison de la rue de Charenton. Ils s'empressèrent de sonner à la porte de cette maison et de prévenir le propriétaire du danger qui le menaçait. Celui-ci heureusement prit l'avertissement au sérieux, comme il était donné ; le chien, qui était encore à l'attache, y fut maintenu toute la nuit, et le lendemain on le conduisit à Alfort. Les élèves ne s'étaient pas trompés ; je constatai que ce chien était enragé. Son maître ne pouvait pas revenir de son étonnement ; il avait peine à croire que cet animal, si docile encore qu'il tenait en laisse, si caressant et qui lui obéissait comme en santé, fût atteint d'une si redoutable maladie. Il l'était cependant ; dès qu'on l'eut mis en cage, les symptômes de la rage se manifestèrent de la manière la plus évidente.

On ne saurait trop louer la présence d'esprit dont ces élèves vétérinaires ont fait preuve dans cette circonstance, car elle a prévenu de bien grands malheurs. Le chien dont ils avaient deviné la rage à son hurlement était de haute taille, et s'il avait été détaché de sa chaîne, comme on avait l'habitude de le faire, et qu'il se fût échappé, il aurait pu causer les accidents les plus terribles. Le salut est venu ici de ce qu'un des signes précurseurs de la rage furieuse a pu être reconnu à temps. Combien cela vous prouve l'importance de les connaître !

Tous les chiens enragés ne hurlent pas ; il y en a qui sont complétement muets dès le début de leur maladie, à laquelle on donne, à cause de cela même, le nom de *rage-mue*, ce qui veut dire rage muette. Dans cette variété de rage dont j'ai parlé tout à l'heure et dont la caractéristique essentielle, au point de vue diagnostique, est la paralysie de la mâchoire inférieure qui reste écartée de l'autre, le mutisme est la conséquence de cette paralysie et peut-être aussi de celle des organes vocaux. L'animal *se tait* parce que l'émission mécanique des sons ne lui est plus possible. Toutefois, il faut dire qu'au point de vue *moral*, si je puis m'exprimer ainsi, la rage-mue diffère de la rage furieuse, non-seulement parce que l'inertie de ses mâchoires empêche le chien de s'en servir, mais encore par ce fait que les instincts féroces lui font défaut et qu'il n'y a pas chez lui de tendance à l'agression. En sorte que la rage-mue resterait toujours inoffensive, si l'on n'allait pas pour ainsi dire au-devant de ses inoculations, en cherchant dans la gueule du chien, comme je le disais tout à l'heure, l'os imaginaire qui s'oppose au rapprochement de ses mâchoires. Si la rage-mue peut être considérée comme bénigne au point de vue symptomatique, elle ne l'est pas au point de vue de la virulence. C'est à dessein que je reviens sur cette particularité, parce qu'il me semble que je ne saurais trop faire pour l'incruster dans votre esprit.

d. *Symptômes qui procèdent de la sensibilité.*

Contrairement à ce que l'on observe chez l'homme dans l'état rabique, la sensibilité du chien enragé paraît être considérablement émoussée, et il semble avoir perdu la faculté d'exprimer dans le langage qui lui est propre les sensations qu'il éprouve. Le chien enragé est *muet* sous la douleur. Quelles que soient les souffrances qu'on lui inflige, il ne fait entendre ni le sifflement nasal, première expression de la plainte du chien, ni le cri aigu par lequel il traduit les douleurs les plus vives. Frappé, piqué, blessé, brûlé même, le chien enragé reste muet; mais il n'est pas insensible. Le sentiment de la conservation existe encore chez lui; quand on a allumé sous lui la litière de sa niche, il s'échappe du foyer et se tapit dans un coin pour échapper aux atteintes de la flamme. Lorsqu'on lui présente une barre de fer rougie au feu et que, emporté par la rage, il se jette furieux sur elle et la mord, il recule immédiatement après l'avoir saisie. Le fer rouge appliqué sur ses pattes le fait fuir de même. Il est évident que, dans ces diverses circonstances, l'animal souffre, l'expression de sa figure le dit; mais, malgré tout, il ne fait entendre ni cri, ni gémissement.

Toutefois, si la sensibilité n'est pas éteinte chez le chien enragé, comme en témoignent les résultats des expériences qui viennent d'être rapportées, elle est moindre évidemment que dans l'état physiologique. Quand on a jeté sous lui de l'étoupe enflammée, ce n'est pas immédiatement qu'il se déplace : il y met du temps, c'est le cas de le dire, et quand il se décide enfin à s'échapper, déjà le feu lui a fait de profondes atteintes. Certains sujets, mais ceux-là font exception, ne lâchent pas la barre de fer rouge qu'ils ont saisie entre leurs dents.

On est autorisé à conclure de ces faits que les chiens atteints de rage ne perçoivent pas les sensations douloureuses aussi vite et au même degré que dans l'état physiologique, et c'est ce qui explique comment ils peuvent assouvir leur fureur jusque sur eux-mêmes. Bien des faits, dans l'histoire de la rage des animaux, témoignent de leur insensibilité contre leurs propres atteintes. Je ne veux vous en rapporter ici qu'un seul, mais il est bien convainquant. Je fus appelé, il y a bien longtemps de cela, presque trente ans, pour examiner, chez M. le comte Demidoff, à Paris, un chien épagneul qui portait à la base de la croupe et à l'origine de la queue une petite plaie vive et saignante, qui n'avait apparu que depuis quelques heures. L'animal paraissait très-gai, obéissait à la voix qui l'appelait, venait à vous docilement, en agitant la queue. Rien ne me fit soupçonner le début de la rage ; aussi fus-je mis en défaut, d'autant plus facilement que, débutant alors, je ne connaissais cette maladie que dans sa période d'exacerbation et de fureur. Jamais, à cette époque, on ne la dépeignait autrement.

Je pris la plaie pour une de ces dartres vives si communes chez le chien, et ordonnai un traitement approprié, en recommandant toutefois, pour motif de propreté, de ne pas laisser coucher ce chien dans l'appartement et sur le lit de son maître, comme il en avait l'habitude. On le fit coucher sur le palier de l'escalier.

Le lendemain matin, un domestique trouva, sur la première

marche, la queue de l'épagneul favori, complétement sépa-
rée du tronc, et c'est lui-même qui s'était infligé cette muti-
lation.

Étonné et dégoûté d'un pareil accident, M. Demidoff, sans
se rendre compte de ce qui avait pu déterminer son chien à
commettre ce méfait sur lui-même, lui fit mettre un collier
et ordonna à un domestique de le conduire en laisse à Alfort.
Le chien fit, sur ses jambes, le long trajet de la rue Saint-
Dominique à l'École, sans présenter aucun signe extraordinaire et sans que le domestique qui le tenait à l'extrémité de
sa chaîne se doutât qu'il était suivi de si près par un chien
enragé.

Arrivé dans la cour des hôpitaux, cet animal, avec sa queue
tronquée et saignante, sa gueule bleuâtre et son œil égaré,
avait une physionomie trop caractéristique pour que je ne
fusse pas mis sur la voie de sa maladie. Il fut conduit prudemment au chenil, où, sous l'influence de l'excitation des
aboiements des autres chiens, un accès de rage furieuse ne
tarda pas à se déclarer. Deux jours après il était mort.

Vous voyez réunis dans cette observation les traits princi-
paux que je vous ai dit être ceux de la rage canine à sa période initiale : un chien familier, tellement dominé par le
sentiment affectueux et les influences de la maison que, bien
que déjà l'envie de mordre soit développée chez lui, il respecte son maître et les gens de la domesticité, et ne porte ses
atteintes que sur lui-même, sans paraître les sentir ; qui,
soumis pendant tout le trajet de Paris à Alfort à l'homme qui
le conduit et *qu'il connaît*, ne se laisse emporter par aucun
accès ; qui enfin ne laisse éclater sa rage, avec toutes ses fureurs, qu'après sa séparation d'avec son conducteur et alors

qu'il est, pour ainsi dire, livré à lui-même et à son délire.

C'est là un fait des plus curieux et des plus intéressants au point de vue de la démonstration que je me suis proposé de vous faire.

La conclusion à tirer des dernières considérations que je viens d'exposer, relatives à la sensibilité du chien enragé, c'est qu'il y a lieu de se méfier des animaux de cette espèce qui ne se montrent pas sensibles à la douleur dans la mesure qu'on sait leur être particulière, et qui supportent les coups sans faire entendre aucune plainte, ni aucun cri. Lorsque, par exemple, un chien est poursuivi dans une localité, parce qu'il est inconnu et sans maître, s'il reste muet malgré les menaces et les coups dont on l'accable, tenez-le pour suspect.

Méfiez-vous aussi du chien qui se mord lui-même avec persistance sur un point de son corps et ne s'arrête pas devant les douleurs qu'il devrait ressentir. On peut croire qu'il n'agit ainsi que parce qu'il y est déterminé par une de ces démangeaisons auxquelles le chien est si sujet. Sans doute que ce peut être là l'unique cause de son action; mais, d'un aure côté, il est possible que l'animal ne soit poussé à porter ses dents sur lui-même que par l'instinct de mordre, déjà développé en lui, ou peut-être par la sensation que lui fait éprouver la cicatrice de la morsure rabique qu'il a subie; — et il suffit que ce symptôme puisse avoir cette signification pour qu'on se tienne en garde contre l'animal qui le présente.

J'arrive maintenant, mesdames et messieurs, à un symptôme bien étrange de l'état rabique du chien et des autres animaux, l'homme peut-être excepté, symptôme d'une grande importance sous le rapport du diagnostic. Je veux parler de l'impression qu'exerce sur un chien affecté de la rage la vue d'un animal de son espèce. Cette impression est tellement puissante, elle est si efficace à donner lieu immédiatement à la manifestation d'un accès, qu'il est vrai de dire que le chien est le *réactif* sûr à l'aide duquel on peut déceler la rage encore latente dans l'animal qui la couve.

Tous les jours, dans la pratique, on se sert de ce moyen pour dissiper les doutes dans les cas où le diagnostic peut être incertain, et il est bien rare qu'il laisse les observateurs en défaut. Dès que le chien qu'il s'agit d'*éprouver* se trouve en présence d'un sujet de son espèce, si ce chien est réellement enragé, il prend une attitude agressive vis-à-vis de son *semblable*, et s'il peut l'atteindre, il le mord avec fureur.

Chose remarquable, cette excitabilité toute spéciale de l'état rabique n'appartient pas au chien exclusivement. Tous les animaux enragés, l'homme, peut-être, excepté, disais-je tout à l'heure, subissent la même impression à la vue d'un sujet de l'espèce canine ; tous, en le voyant, s'excitent, s'exaspèrent, entrent en fureur, s'élancent contre lui et l'attaquent avec leurs armes naturelles : le cheval avec ses pieds et ses dents, le taureau avec ses cornes, de même le bélier. Il n'y a pas jusqu'au mouton qui ne dépouille, sous l'empire de la rage, sa pusillanimité naturelle et qui, loin de ressentir de l'effroi à la vue du chien, lui en inspire au contraire et fondant sur lui, tête baissée, ne l'oblige à fuir devant ses attaques. Voilà une interversion de rôles bien extraordinaire, n'est-ce pas ? Et il ne faut rien moins que la rage pour animer le mouton d'une pareille ardeur belliqueuse contre son puissant maître, le chien.

Je vous demande la permission de vous rapporter ici deux anecdoctes cliniques qui resteront dans vos souvenirs comme des preuves démonstratives de l'excitation si énergique que la présence du chien exerce sur les animaux enragés.

Il y a vingt-cinq ans environ, une personne conduisit à Alfort, dans un cabriolet de place *à deux roues*, un fort joli chien de chasse qui fut placé, non muselé, dans le fond de la voiture, c'est-à-dire sous les jambes de son maître et du cocher. Pendant tout le trajet et malgré l'excitation que pouvait lui causer la présence d'une personne qui lui était étrangère, ce chien resta inoffensif. La voiture entra dans l'école jusqu'à la cour des hôpitaux, et là, le propriétaire du chien le prit dans ses bras et le porta dans mon cabinet où je me rendis. Il me donna pour renseignement que, depuis deux jours, cet animal était triste et refusait de manger. N'étant pas alors en garde, comme je le suis aujourd'hui, contre la rage et ses modes insidieux de manifestations, je plaçai ce chien sur mes genoux pour l'examiner de plus près. J'étais en train de soulever ses lèvres, pour me rendre compte de la coloration de sa bouche, lorsqu'un caniche qui m'appartenait entra dans le cabinet. Dès qu'il l'aperçut, le chien que j'examinais m'échappa des mains, sans essayer de me mordre, et se rua sur le caniche qui parvint à l'éviter. Ce mouvement inattendu et tout à fait inhabituel au caractère de cet animal, d'après ce que me dit son maître, fut pour moi un trait de lumière. Je soupçonnai la rage. Le chien fut immédiatement séquestré et, trois jours après, il succombait à cette maladie.

Dans l'autre circonstance que je vais rapporter, c'est d'un cheval qu'il s'agit : on l'avait conduit à ma consultation parce que, depuis un ou deux jours, il avait de la peine à déglutir les liquides. Cet animal paraissait et était, de fait, d'un naturel extrêmement doux. Je lui avais ouvert la bouche et saisi la langue pour en faire l'examen, lorsque le chien caniche dont j'ai parlé tout à l'heure vint à rôder autour de moi. Dès que le cheval l'aperçut, il se dégagea de mes mains par un mouvement rapide, et se jeta de côté, les mâchoires écartées, à la poursuite du chien qui s'empressa de fuir et ne put être atteint.

Chose remarquable, ce cheval était encore extrêmement doux pour l'homme; obéissant à la voix de son conducteur, il le suivait docilement, sans qu'il fût nécessaire de le tenir par sa longe, et, après son mouvement agressif contre le caniche, il resta tout à fait inoffensif pour la foule de personnes qui l'entouraient. D'habitude, il l'était aussi pour les chiens, mais, au récit de son conducteur, il s'était jeté, comme il venait de le faire, sur tous ceux qu'il avait rencontrés dans le trajet de Vitry à Alfort. Cet homme n'avait pas attaché d'importance à ce fait; aussi, n'en avait-il rien dit en me présentant son cheval, et il ne le relatait que parce qu'il venait de le voir se reproduire. Il n'en fallut pas davantage pour m'éclairer. L'animal fut fixé solidement dans le parc, entre deux gros arbres, par un double licou de force, et l'on répéta plusieurs fois l'expérience d'exciter ses accès par la vue d'un chien qu'on présentait devant lui. Sous l'influence de ces excitations, la rage ne tarda pas à atteindre son plus haut paroxysme. En quelques heures, elle parcourut ses périodes. L'animal tomba dans l'épuisement et mourut peu de temps après son entrée à l'école.

Ainsi, cela est incontestable, la présence d'un animal de l'espèce canine met en jeu la susceptibilité nerveuse des animaux enragés, les fait sortir du calme dans lequel ils sont encore et les détermine à des manifestations agressives d'une intensité croissante, proportionnellement à l'intensité et au nombre des excitations produites. C'est là un fait d'une telle constance qu'on peut le considérer comme l'expression d'une loi fatale dont le secret nous échappe. Cependant, cette loi comporte ou, du moins, a comporté une exception dans une circonstance trop remarquable pour que je ne la relate pas ici. Un cheval auquel le directeur de l'école d'Alfort, M. Renault, avait inoculé la rage d'un mouton, contracta cette maladie, qui revêtit chez lui des caractères d'une telle intensité, que l'animal, tournant sa fureur contre lui-même, se déchirait, à coups de dents, la peau des avant-bras. Eh bien, sur cet animal si exalté dans sa rage, la vue d'un chien ne produisit aucune excitation. Celui qu'on lui jeta dans sa mangeoire fut épargné ; il le repoussa du bout de sa tête, sans lui faire aucun mal ; mais quand on lui présenta un mouton, il entra, à l'instant, dans un accès de fureur terrible, il bondit sur lui, pour ainsi dire, et la pauvre bête, saisie entre ses puissantes mâchoires, fut à l'instant même broyée sous ses dents.

Il semblerait, d'après ce fait qui, malheureusement, est unique dans les annales de la science, que les animaux inoculés de la rage, par une morsure ou de toute autre manière, conserveraient comme l'*idée* de la cause de leur maladie, et seraient déterminés à manifester leur fureur à la vue d'un animal appartenant à la même espèce que celui sur lequel a été puisé le virus dont l'inoculation les a rendus malades. Mais en matière si obscure, il est bon de ne pas longuement discourir : je me contente donc de relater les faits et crois prudent de m'abstenir de plus amples commentaires.

Ce qui ressort de cet exposé, c'est que, à part l'exception
que je viens de signaler, ce sont surtout les sujets de l'espèce
canine qui mettent en jeu l'excitabilité des animaux atteints
de la rage. Vous devez comprendre, mesdames et messieurs,
toute l'importance qui se rattache à la connaissance de ce fait,
et combien l'enseignement qui en ressort pourrait être utile,
si les propriétaires des chiens, éclairés sur sa signification,
savaient en profiter. Tous les jours, on acquiert la preuve, en
interrogeant les personnes auxquelles appartiennent les
chiens enragés, que ces animaux, avant de diriger leurs
agressions contre l'homme, se sont montrés très-excitables à
la vue d'un animal de leur espèce ; mais, malheureusement,
dans la plupart des cas, cette particularité si significative
n'éveille pas l'attention de celui qui l'observe et ne fait naître
dans son esprit aucun soupçon, et cela, parce que vis-à-vis
des maîtres et des familiers de la maison, rien ne paraît encore changé dans le caractère de ce chien que la vue de son
semblable irrite et rend exceptionnellement hargneux et mé-
chant.

Méfiez-vous donc des chiens qui, contrairement à leurs habitudes et aux inspirations de leur naturel, se montrent tout
à coup agressifs pour les animaux de leur espèce. De pareilles
manifestations sont très-significatives, vous devez en être
maintenant convaincus, et, si l'on sait les comprendre, on
peut mettre à l'abri les siens, les autres et soi-même des désastres que peut causer la maladie dont ces signes sont des
précurseurs infaillibles.

Il ressort de l'ensemble des faits que je viens de vous exposer, que, dans la plupart des circonstances, les chiens familiers des maisons restent inoffensifs dans les premières pé-

riodes de leur état rabique, pour les personnes qui les entourent, dominés, comme ils le sont, par leurs sentiments affectueux envers elles. Je suis très-porté à croire que ces pauvres animaux obéissent à l'inspiration de ces sentiments lorsque, ce qui arrive très-souvent, ils s'échappent du domicile de leurs maîtres et disparaissent. On dirait qu'ils ont comme la conscience du mal qu'ils peuvent faire et que, pour éviter d'être nuisibles, ils fuient ceux auxquels ils sont attachés. Quoi qu'il en puisse être de cette interprétation, toujours est-il que, très-souvent, le chien enragé abandonne ses maîtres et qu'on ne le revoit plus, soit qu'il aille mourir dans quelque endroit retiré, soit, ce qui est le plus ordinaire dans les localités populeuses, que, reconnu pour ce qu'il est, aux sévices qu'il commet sur les hommes et sur les bêtes, il trouve la mort en route.

Mais, dans quelques cas, trop nombreux encore, le malheureux animal, après avoir erré un jour ou deux et échappé aux poursuites, revient, obéissant à une attraction fatale, vers la maison de ses maîtres. C'est dans ces circonstances surtout que des malheurs sont à craindre pour ceux-ci. Et, en effet, au retour du pauvre *égaré*, on s'empresse vers lui; le premier mouvement auquel on obéit est de le secourir, car, la plupart du temps, il revient dans l'état le plus misérable, réduit à rien, couvert de boue et de sang. Mais malheur à qui l'approche; à la période où il est de sa maladie, la propension à mordre est devenue chez lui impérieuse, elle domine le sentiment affectueux, si vivace qu'il puisse être encore, et trop souvent elle le porte à répondre par des morsures aux caresses qu'on lui fait, aux soins qu'on veut lui donner.

Il faut donc tenir, tout au moins, pour suspect le chien qui, après avoir quitté le toit domestique pendant quelques jours, y revient, surtout s'il est dans l'état de misère dont j'ai essayé de donner un aperçu.

Je viens d'énumérer successivement les signes, les symptômes, les particularités, qui signalent chez le chien l'état rabique dans les premiers jours de sa manifestation, et j'espère avoir fait pénétrer dans vos esprits cette conviction salutaire que la rage canine n'est pas, tout d'abord, une maladie caractérisée par un état continuel de fureur; qu'au contraire, avant la période furieuse, qui est la période ultime, un assez long délai s'écoule, pendant lequel l'animal reste inoffensif bien que déjà sa maladie soit nettement déclarée et facile à reconnaître.

Voilà la vérité que j'ai eu pour but de mettre en relief dans cette conférence, et je suis convaincu que si le public s'en pénétrait bien, s'il savait se rendre compte des premiers symptômes de l'état rabique, la plupart des chiens pourraient être séquestrés avant qu'ils aient eu le temps de faire des malheurs. Que sont, en effet, ces chiens *errants* qui, obéissant au délire de la rage, infligent des morsures aux animaux et aux hommes qu'ils rencontrent et répandent partout l'épouvante parmi les populations? Est-ce que la rage qui s'est emparée d'eux et qui les rend si malfaisants, ils l'ont contractée par un acoup subit? Non, sans aucun doute; la plupart sont des chiens de maîtres, qui ont quitté leurs demeures sous l'impulsion dont je parlais tout à l'heure, et qui, quelques jours avant de *fuir*, ont laissé voir ces signes non douteux de maladie que je viens de faire connaître.

Eh bien, supposez que ces signes, au lieu d'être méconnus dans leur signification, comme c'est trop souvent le cas aujourd'hui, soient au contraire bien compris, et que les propriétaires des chiens malades s'en inspirent pour prendre les mesures de précaution que les circonstances commandent, la meilleure des conditions pour prévenir la propagation de la rage se trouvera ainsi réalisée, car, en définitive, les agents qui la propagent ce sont les chiens qui se sont échappés de leurs demeures, après s'être *dénoncés* malades pendant un temps suffisant pour qu'on ait pu les mettre hors d'état de nuire, si l'on avait su à quelle maladie on avait affaire.

c. *Symptômes de la rage confirmée.*

Dans tout ce qui précède, je me suis surtout attaché à vous faire connaître les symptômes précurseurs de la rage confirmée, c'est-à-dire de celle qui se caractérise par des accès de fureur et des actes agressifs contre les animaux et contre les hommes. J'ai insisté sur ces symptômes précurseurs parce que, au point de vue de la préservation individuelle, ce sont eux dont la connaissance est le plus nécessaire.

Maintenant je vais essayer de vous tracer à grands traits la physionomie, les attitudes, la manière d'être et d'agir du chien, quand sa maladie, arrivée à sa période furieuse, a développé en lui des instincts féroces qui le poussent fatalement à mordre.

La physionomie du chien en état de rage est terriblement modifiée. Ces yeux, ces bons yeux du chien, si pleins d'amour quand il les fixe sur son maître, d'où se dégagent incessamment, si l'on peut ainsi dire, des effluves de passion affectueuse, ils ont maintenant une expression indéfinissable de tristesse sombre et de cruauté. A travers l'ouverture de leurs pupilles excessivement dilatées, ils laissent échapper par moments des lueurs comme fulgurantes, produites par le reflet de la lumière sur leur tapetum intérieur, et qui leur donnent l'apparence de deux globes de feu. Mais lorsque ces lueurs passagères s'éteignent, ils redeviennent ternes et sombres et si farouches qu'on ne peut se défendre d'un sentiment d'effroi, quand on se trouve en présence de l'animal, et alors même qu'on est protégé contre ses atteintes par la grille de sa cage. Dès qu'il vous voit, il se lance vers vous, poussant son hurlement caractéristique, et, furieux, il mord les barreaux qui l'empêchent de vous attaquer et y fait éclater ses dents. Si on lui présente une tige de bois ou de fer, il se jette sur elle, la saisit à pleines mâchoires et y mord à coups redoublés, mais sans faire entendre ni cris, ni grondements.

A cet état d'excitation succède bientôt une profonde lassitude ; l'animal épuisé se retire au fond de sa niche et y demeure quelque temps, insensible à tout ce qu'on peut faire pour l'irriter. Puis tout à coup il se réveille, bondit en avant et entre dans un nouvel accès.

Mais pour que ces accès se manifestent, il leur faut une cause, c'est-à-dire une excitation.

Quand on observe un chien enragé dans une cage isolée, loin des bruits qui peuvent mettre en jeu sa susceptibilité nerveuse, loin des excitations produites par la présence des hommes et des animaux, on ne constate pas qu'il se livre à des accès de fureur. Tantôt il est agité, va et vient dans sa niche, bouleverse son lit, poursuit des fantômes, hurle contre eux ; tantôt, au contraire, il est calme, immobile, somnolent, avec quelques intermittences d'agitation sur place, qui semblent dénoncer les rêves dont il est poursuivi ; mais il n'entre en rage véritable, il ne se livre à des accès agressifs et furieux que lorsqu'il y est déterminé par des excitations extérieures.

La plus puissante de ces excitations est celle que lui cause la présence d'un de ses semblables. Dès qu'on le lui montre à distance, il bondit vers lui et mord avec violence les barreaux qui l'en séparent; mais si on l'introduit dans sa cage, son premier mouvement n'est pas toujours de l'attaquer et de le mordre; au contraire, la présence de la malheureuse victime qu'on lui livre fait naître en lui comme un sentiment affectueux et il le lui témoigne par des caresses dont la signification n'est pas douteuse. Puis, « dans un même instant, par un effet contraire », vous voyez « ses yeux s'enflammer de fureur », il entre en rage et se jette à pleines dents sur sa victime. Celle-ci réagit rarement; elle ne répond d'ordinaire aux morsures qu'en poussant des cris aigus qui contrastent avec la rage silencieuse de l'agresseur, et elle s'efforce de dérober sa tête aux attaques dirigées surtout contre elle, en la cachant profondément sous la litière et sous ses pattes de devant. Une fois passé ce premier moment de fureur, l'animal enragé se livre à de nouvelles caresses, tout aussi ardentes que les premières, mais bientôt suivies d'un nouvel accès. Puis, lorsque ces faits se sont ainsi répétés plusieurs fois, le malade épuisé s'affaisse, tombe dans une somnolence inquiète, et lorsqu'il a récupéré quelques forces par le repos, il recommence ses attaques jusqu'à ce que la paralysie s'ensuive, ce qui ne tarde pas, car les accès ainsi répétés précipitent singulièrement le cours de la maladie.

Je dois vous signaler ici cette particularité bien remarquable que les chiens paraissent avoir comme la conscience instinctive du danger qu'ils courent aux approches d'un animal enragé de leur espèce. Les plus courageux et les plus forts font preuve, en sa présence, de lâcheté et de faiblesse. Au lieu d'essayer la lutte avec lui, ils tâchent d'échapper à ses atteintes par la fuite. S'ils sont enfermés dans une cage commune, même les chiens de combat restent sans défense ; ils paraissent avoir le pressentiment du terrible danger auquel ils sont exposés, expriment leur effroi par le tremblement de tout leur corps, et cherchent à se tapir dans un coin de la niche. Il y a cependant quelques exceptions à cette règle ; en voici un exemple : Je fis introduire un jour, à Alfort, dans la cage d'un chien enragé un bull-terrier, très-habile lutteur. Une fois enfermé, la première impression qu'il subit fut manifestement celle de la peur, mais il la surmonta, et au lieu d'attendre l'attaque, c'est lui qui commença la lutte; d'un bond, il se jeta sur son adversaire et le saisissant à pleines dents par le derrière du cou, il le terrassa et le mit hors d'état de lui nuire. Vingt fois cette expérience fut répétée avec les différents chiens enragés qui se succédèrent aux hôpitaux de l'École et toujours le bull en sortit à son honneur. Dans toutes ses luttes, il sut éviter les morsures et ne contracta pas la rage. Mais, je le répète, ce cas est tout à fait exceptionnel. Ce qui est ordinaire, c'est que le chien enragé est, pour ses semblables, un sujet d'épouvante. La preuve en est donnée d'une manière bien saisissante par ce qui se passe dans les meutes de chiens courants. Dans les conditions habituelles, ces animaux ne laissent pas d'être un peu hargneux les uns contre les autres et même contre l'homme, et il est prudent de ne pas se risquer dans leur chenil, sans être armé d'un fouet qui les tienne en respect. Si deux d'entre eux viennent à se prendre de querelle, malheur à celui des deux adversaires qui témoigne sa faiblesse de cœur par ses cris et par ses plaintes ; les autres se jettent sur lui impitoyablement, le *pillent*, pour employer l'expression usitée en pareil cas, et souvent même le mettent en lambeaux. Eh bien, voici qui est bien remarquable : si la lutte procède de l'état rabique de l'un des deux chiens qui sont aux prises, toute la meute se tient à l'écart dans un coin du chenil et fuirait volontiers si elle trouvait une issue ouverte ; malgré ses habitudes cruelles et ses mœurs quelque peu farouches, elle est prise tout entière de lâcheté, en présence d'un danger *pressenti*, et le chien enragé reste seul à *piller* sa victime. Si poussé par ses instincts rabiques, il en choisit une autre dans la meute, l'isolement se fait à l'instant même autour d'eux.

Ces faits sont étranges sans doute, mais ils sont réels. J'ai été à même, pour ma part, d'en faire la constatation il y a une quinzaine d'années au château de Gros-Bois, chez le prince de Wagram, dont la meute reçut la rage d'un chien errant, dans une chasse à courre, et dut être tout entière abattue.

Si le chien enragé est non pas enfermé dans une cage, mais plus libre de ses allures dans une chambre où on le tient séquestré, il la parcourt dans tous les sens, et son agitation est d'autant plus grande qu'il n'est pas habitué à être isolé de ses maîtres. On entend ou l'on voit son va-et-vient continuel ; il rôde, il cherche, il flaire, hurle contre les murs, se jette sur les fantômes qui le poursuivent, ronge le bas des portes, les pieds des meubles, etc. Enfin, il peut arriver qu'il se fraye une issue à travers les vitres des portes ou des fenêtres. Si donc on n'est séparé de lui que par une séparation vitrée, il ne faut pas se fier à cette barrière trop fragile ; l'animal en-

ragé sera d'autant plus déterminé à la franchir que les personnes qu'il voit au travers surexcitent en lui ce besoin comme
fatal de mordre qui le domine maintenant tout entier.

Lorsqu'un chien enragé est parvenu à s'échapper, il se
lance devant lui, d'abord avec une complète liberté d'allures,
et s'attaque, sur sa route, à tous les êtres vivants qu'il rencontre, mais de préférence aux chiens plutôt qu'à tous les
autres, et de préférence à ceux-ci plutôt qu'à l'homme. En
sorte que pour l'homme qui peut être exposé à ses coups,
c'est une heureuse chance que, dans son voisinage immédiat,
un chien se rencontre à propos qui lui serve de palladium.

Le chien enragé ne conserve pas longtemps une démarche
libre. Épuisé par les fatigues, par les accès de fureur auxquels
il a trouvé en route l'occasion de se livrer, par la faim, par
la soif et, sans aucun doute aussi, par l'action propre de sa
maladie, il ne tarde pas à faiblir sur ses membres. Alors il
ralentit son allure et marche en vacillant; sa queue pendante,
sa tête inclinée vers le sol, sa gueule béante d'où s'échappe
une langue bleuâtre et souillée de poussière, lui donnent une
physionomie bien caractéristique. Dans cet état, il est bien
moins redoutable qu'au moment de ses premières fureurs.
S'il attaque encore, c'est lorsqu'il trouve sur la ligne qu'il
parcourt l'occasion de satisfaire sa rage; mais il n'est plus
assez excitable pour changer de direction et aller à la rencontre d'un animal ou d'un homme qui ne se trouvent pas
immédiatement à la portée de sa dent. Sans doute aussi que
sa vue obscurcie et son flair émoussé l'empêchent d'être aussi
impressionnable qu'il l'était auparavant.

Bientôt son épuisement est tel qu'il est forcé de s'arrêter;
alors il s'accroupit dans les fossés des routes et y reste som-

nolent pendant de longues heures. Malheur à l'imprudent qui ne respecte pas son sommeil : l'animal, réveillé de sa torpeur, récupère alors souvent assez de force pour lui faire une morsure. Que d'enfants ont péri pour avoir commis cette imprudence !

Quand un chien enragé meurt de sa mort, il meurt par le double fait d'une paralysie lente et de l'asphyxie.

Il ne saurait entrer dans mes intentions de vous énumérer et encore moins de vous décrire les altérations que l'on peut constater dans le cadavre d'un chien mort de la rage. Aussi bien, du reste, ce ne serait pas chose très-utile, car il n'y a rien dans le cadavre du chien enragé, rien de connu tout au moins quant à présent, qui donne l'explication des singuliers symptômes par lesquels la maladie s'exprime. Toutefois, il est un fait sur lequel il me paraît très-important de fixer une nouvelle fois votre attention, je veux parler des matières dont on peut constater la présence dans l'estomac. La rage, vous le savez, donne lieu à une étrange dépravation de l'appétit ; le chien enragé déglutit une foule de corps étrangers à l'alimentation. Si donc on rencontre dans l'estomac d'un animal de cette espèce un mélange de foin, de paille, de crins, de lambeaux d'étoffes, de cuir, de cordages, d'étoupes, d'excréments, de terre, de feuilles, de gazon, de pierres, de verre et de restes d'aliments, on peut affirmer, sans crainte d'erreur, que le chien est mort enragé, car c'est la rage seule qui détermine un animal de cette espèce à ingurgiter les matières si étrangement disparates dont je viens de faire l'énumération. Mais il peut se faire qu'elles aient été rejetées par le vomissement, et que l'on ne constate dans l'intestin que quelques parcelles de ces matières. Dans ce cas, la membrane intérieure de l'estomac conserve la trace de leur passage ; elle est fortement injectée de sang, au point de présenter une teinte presque noire, et la cavité qu'elle tapisse contient du sang en nature mélangé à de la bile. Ce sont là des signes d'une grande importance, qui établissent une forte présomption de l'état rabique : et cette présomption devient à peu près certitude lorsqu'il résulte des renseignements recueillis que l'animal, dont l'estomac a présenté les caractères dont je viens de parler, s'est livré à des sévices sur les hommes et sur les bêtes.

Ici se termine ce que je me proposais de vous dire de la rage du chien, considérée au point de vue de sa symptomatologie, pendant et après la vie.

Quelques mots maintenant de celle du chat, cet autre animal qui est aussi notre commensal de tous les jours, et vit avec nous dans des rapports d'assez étroite intimité. Lui aussi peut contracter la rage, mais heureusement que c'est un fait assez rare, car le chat enragé est autrement terrible que le chien et autrement dangereux.

De fait, lorsque le chat est enragé, sa nature de tigre se réveille. Ses grands yeux deviennent fulgurants et expriment une indicible férocité ; rien d'effrayant comme de le voir dans sa cage, la gueule béante et baveuse, le dos voûté et la queue battant ses flancs ; ses griffes sorties et tendues rendent sa marche difficile ; elles s'accrochent au parquet et y laissent leur empreinte. Quand on se présente devant lui, l'animal se lance vers vous d'un seul bond, aussi élevé que lui permet la hauteur de sa cage, et visant évidemment à votre figure, car c'est toujours là qu'il s'attaque de préférence lorsque, libre, il subit l'impulsion rabique et se livre aux sévices qu'elle lui commande. Le chat enragé ne connaît plus de maîtres. Cet animal, plutôt apprivoisé que profondément domestiqué, retrouve tous ses instincts féroces lorsque la rage s'en est emparé et s'y abandonne aveuglément; bien différent en cela, comme en tant d'autres choses, du chien, qui est tout dévouement pour ses maîtres, et trouve dans le sentiment affectueux qu'il leur porte la force de dominer, pendant longtemps, ces instincts de férocité que l'état rabique a développés fatalement en lui; qui même, vous le savez, plutôt que de leur obéir, fuit, quand il le peut, le toit domestique, et va assouvir ailleurs la rage qui le maîtrise. Le chat aussi disparaît lorsqu'il est sous le coup de la rage, par sauvagerie sans doute plutôt que par dévouement, et s'en va mourir dans quelque recoin obscur des greniers ou des caves.

Il est infiniment probable ou pour mieux dire certain que la rage du chat est précédée, comme celle du chien, d'un ensemble de signes précurseurs qui doivent mettre en garde contre les accidents à venir. Mais cette maladie est tellement rare que je ne l'ai jamais observée à sa période initiale, dont je ne saurais vous parler conséquemment avec une connaissance complète de cause. L'analogie permet d'admettre, cependant, que le chat, avant de devenir agressif par la force décisive de l'impulsion rabique, passe par une période de tristesse sombre, d'inquiétude, d'agitation, qui doit d'autant plus frapper l'attention que cet animal est, de sa nature, assez somnolent, et qu'il passe volontiers la plus grande partie de sa vie dans les douceurs d'un repos continu. Donc il y a lieu de se méfier grandement d'un sujet de cette espèce, qui, contrairement à des habitudes que l'on peut appeler séculaires dans nos races domestiques, devient tout à coup inquiet, se livre à des mouvements sans causes, et exprime par ses attitudes et son facies quelque chose d'insolite; et il n'est jamais trop tôt, en pareil cas, de prendre des mesures de précautions et de se rendre maître de l'animal par une étroite et sûre séquestration.

Nous voilà arrivés, mesdames et messieurs, à la fin des développements que comporte la description des symptômes caractéristiques de la rage du chien tout particulièrement. Si j'ai cru devoir donner à ces développements une grande etendue, c'est que, ainsi que je le disais dans l'enceinte de l'Académie de médecine, il y a quelques années : « Dans un grand nombre de circonstances, le plus grand nombre peut-être, les accidents rabiques qui viennent trop souvent jeter dans la société l'inquiétude, les angoisses prolongées et les plus profonds désespoirs, procèdent surtout de ce que les possesseurs et détenteurs des chiens, dans l'*inscience* où ils se trouvent, faute d'avoir été suffisamment éclairés, ne savent pas se rendre compte des *premiers* phénomènes par lesquels se traduit l'état rabique du chien, état presque toujours inoffensif au début; profiter des avertissements que leur donnent par des signes non douteux et facilement intelligibles leurs malheureux animaux, et prendre enfin à temps les mesures à l'aide desquelles il leur serait possible de prévenir des désastres menaçants. L'*inscience*, ajoutai-je en empruntant à Montaigne cette vieille expression qui n'aurait pas dû être rayée de notre vocabulaire, l'inscience, voilà la cause du mal, voilà ce à quoi il faut remédier. »

J'y tâchai, pour ma part, dès cette époque, en exposant, comme je viens de le faire ici, les symptômes de la rage canine dans un rapport académique qui eut un grand retentissement, en raison de l'importance du sujet, et qui fut reproduit en substance ou par analyse dans presque tous les journaux.

J'ai des motifs de croire que cette divulgation n'a pas laissé d'être utile; et, pour vous en convaincre, je ne puis résister à la satisfaction de vous faire connaître quelques-uns des cas où les instructions puisées dans mon rapport et répandues par les mille et une voix de la publicité ont eu pour résultat d'épargner les plus grands malheurs à ceux qui avaient su les lire et les comprendre.

Le premier fait sur lequel j'appelle votre attention m'a été communiqué de Trébizonde à la date du 27 octobre 1864. Il s'agit d'une chienne nommée *Lipa*, sur laquelle son maître, alors consul de France dans cette ville, a reconnu la rage dans les circonstances émouvantes que voici :

« Avant-hier matin, dit l'auteur de la relation que j'ai sous les yeux, j'ai eu des soupçons sur Lipa *en l'entendant aboyer d'une manière étrange*. Je l'ai enfermée par précaution, bien que rien ne me parût altéré dans ses allures habituelles... Hier, il n'y avait rien de changé dans son état normal, *sauf qu'elle paraissait inquiète et préoccupée quand je la faisais sortir*.

» Je l'ai de nouveau séquestrée, en défendant formellement à mes domestiques de la laisser libre à aucun prix. Ce matin, au point du jour, malgré cette défense expresse, l'un d'eux, *lui trouvant une apparence de santé et de vivacité ordinaire, s'est empressé de la lâcher. Une fois libre, elle s'est échappée par les toits*, en faisant pour cela des bonds prodigieux, dont je ne puis encore me rendre compte, et elle s'est introduite *par la fenêtre dans une maison assez voisine, où elle a mordu un petit chien de trois mois qu'elle est allée trouver sur un sofa*.

» Après cela, Lipa est rentrée chez moi pendant que j'étais encore au lit, s'est attachée à moi sans que je pusse m'en débarrasser, fixant des yeux hagards et d'une expression terrible tantôt sur mes mains, tantôt sur mon visage. Tout le monde chez moi se sauvait, car, il n'y avait plus de doute, Lipa était enragée. Je n'ai pas perdu mon sang-froid, et me suis bien gardé de la prendre autrement que par la douceur. Elle m'a suivi partout, dans les chambres, dans l'escalier, sur la terrasse, dans le jardin ; impossible de l'éloigner. A la fin, j'ai pu l'enfermer dans le jardin, mais elle a commencé à ronger la balustrade. Un domestique s'est alors dévoué et l'a ramenée dans sa chambre, qui a une entrée sur le jardin. Au bout de quelques minutes, Lipa a sauté par une lucarne étroite située à plus de six pieds au-dessus du sol, et elle a fait invasion dans ma chambre comme une furieuse, guettant mes mains comme pour les happer. Cette fois encore je n'ai pas perdu mon sang-froid, et je l'ai emmenée hors de ma chambre, toujours en lui parlant doucement. Dès ce moment je n'ai pas hésité à la faire tuer : une première balle lui a traversé la poitrine *sans qu'elle proférât le moindre cri.* Elle s'est alors élancée dans différents sens : une deuxième balle l'a renversée. On la croyait morte, mais elle s'est élancée d'un seul bond sur le premier qui l'a approchée, et il a fallu deux autres balles pour l'achever.

» Quelque temps auparavant elle s'était jetée sur son petit et l'avait mordu avec une fureur et un acharnement dont on ne peut se faire une idée. Presque au même moment elle s'était précipitée sur le courrier de la délégation de Téhéran, et lui avait arraché une partie de ses habits, mais fort heureusement sans le mordre lui-même.

» J'ai passé, dit l'auteur de cette relation, une heure d'angoisses inexprimables. Je ne craignais pas pour moi, je savais que Lipa me respecterait si je ne la maltraitais pas, mais j'étais dans des transes pour les autres, la voyant mordre tout ce qui était à sa portée : son lit, qu'elle a mis en charpie, la porte de sa chambre, qu'elle a creusée avec ses dents, la terre même du jardin ; partout elle a laissé la trace de ses dents.

» Lipa avait été mordue deux mois auparavant, ainsi que son petit, par une chienne qui n'avait pas d'apparence suspecte, mais que l'on avait abattue peu après. La place de la morsure avait été lavée avec de l'eau de savon, et l'on n'avait attaché aucune importance à cet accident, car on n'avait aucun soupçon de la rage chez la bête qui l'avait causée. »

Je vous ai communiqué cette observation avec quelques détails parce que, à tous les points de vue, elle présente un grand intérêt : cette chienne qui dénonce son mal par son *aboiement* qui paraît *étrange* à son maître ; qui se montre inquiète et préoccupée *quand on la sort;* que son maître à la prudence de *séquestrer,* dès les premiers signes anormaux qu'elle présente ; que les domestiques s'empressent de lâcher, malgré les ordres reçus, parce qu'elle a toutes *les apparences de la santé;* qui, *une fois libre, se sauve* et va *s'attaquer à un chien* dans une maison voisine ; qui rentre, *après cet accès,* sous le toit domestique, *fixe sur son maître des yeux dont l'expression est étrange, mais ne se montre pas agressive pour lui;* qui s'attache à lui et le suit partout avec obstination; qui, enfermée dans un jardin, *entre en rage ;* qui respecte le domestique qui la ramène au milieu de cet accès ; qui se précipite, furieuse, chez son maître, et *cependant ne le mord pas ;* qui s'attaque avec acharnement à son *petit* et à un *homme étranger,* entrant dans la maison ; *qui ne pousse pas un seul cri* sous les blessures des balles, etc., etc. : voilà un ensemble de symptômes qui prouve que la rage est identique avec elle-même sur les bords de la mer Noire et sur ceux de la Seine. Mais il y a quelque chose de plus important encore dans cette observation que la fidélité avec laquelle elle est relatée, c'est le discernement dont le maître de Lipa a fait preuve, le sang-froid qu'il a conservé vis-à-vis d'elle, la manière habile dont il a su la maîtriser par la douceur, les mesures, enfin, qu'il a prescrites pour l'empêcher de nuire : la séquestration d'abord, l'abatage ensuite. Eh bien, mesdames et messieurs, si ce maître si intelligent de Lipa a suivi une si bonne ligne de conduite, dans la difficile occurrence où il s'est trouvé, et a prévenu ainsi des malheurs dont, ainsi qu'il le dit lui-même, on ne peut mesurer l'étendue, savez-vous à qui il le doit? Lui-même va nous l'apprendre : « Quel bonheur, s'écrie-t-il » à la fin de sa lettre, que le traité de M. Bouley sur la rage » se soit trouvé chez moi, que je l'aie lu et que j'en aie pro- » fité ! sans l'éveil que j'ai eu dès le mardi, *je n'aurais jamais* » *eu le moindre soupçon.* »

J'aurais mauvaise grâce à dissimuler la grande satisfaction que m'a fait éprouver cette communication du consul de Tré- bizonde, puisque cette satisfaction n'est autre, après tout, que celle d'avoir été utile.

Voici maintenant deux autres circonstances où la divulga- tion des symptômes de la rage par la presse quotidienne eut cette heureuse conséquence de faire séquestrer des chiens enragés à la période initiale de leur maladie et de prévenir ainsi les malheurs qu'ils auraient pu causer. J'extrais ces deux observations d'un discours que j'ai prononcé en 1864 à l'Académie de médecine, dans la discussion à laquelle mon rapport a donné lieu.

Il s'agit de deux chiens entrés le même jour, comme en- ragés, dans les hôpitaux de l'école d'Alfort, où j'étais alors professeur.

L'un de ces chiens, un *bull* de forte taille, appartenait à un marchand de vin du pays ; cet animal, très-doux de sa na- ture, malgré sa race et ses habitudes de combat, ne se montra nullement agressif lorsqu'on me le présenta. Il était, au con- traire, extrêmement caressant, et ce qui me le fit suspecter à première vue, ce fut, outre l'expression toute particulière de son regard, la tendance excessive qu'il avait à caresser, ten- dance qu'il exprimait par les mouvements incessants de sa langue, lorsqu'on l'approchait. Qu'est-ce qui mit en garde le propriétaire de ce chien, encore inoffensif? La veille, *il avait mordu avec une certaine persistance un sac de toile qui était à sa portée.* En dehors de cela rien de particulier pour lui.

Mais, d'après les communications faites à la tribune de l'Académie, les symptômes de la rage avaient été divulgués par le plus grand nombre des journaux de Paris et de la province. Dans ce cas particulier, le propriétaire de l'animal était en garde. Il comprit la signification d'un fait qui, avant qu'il fût éclairé, lui eût paru de nulle importance, et le chien put être enfermé dans cette période première de la maladie, où, s'il était offensif, il ne l'était que par ses caresses et non pas par ses morsures.

L'autre chien, dont je veux vous parler, appartenait à la catégorie des familiers; c'était un petit roquet de douze ans auquel son maître tenait beaucoup. La lettre d'envoi de cet animal à l'École spécifiait les faits suivants : « Grande agita- » tion du malade *depuis huit jours; appétit nul; sentiment* » *affectueux développé à l'excès.* Pendant que son maître man- » geait du raisin, un grain tomba par terre, le chien le happa » et l'avala. La grappe lui fut jetée, il la dévora. Quand on » l'enferme dans une des pièces de l'appartement on l'en- » tend pousser un hurlement saccadé, inhabituel, dont le » timbre diffère de l'aboiement ordinaire du sujet. »

Cet animal continuait, du reste, à être doux, inoffensif pour tout le monde.

Voilà bien un ensemble de symptômes qui devait éclairer un homme prévenu.

L'idée de rage vint effectivement à l'esprit de la personne à laquelle ce chien appartenait, parce qu'elle avait lu les symptômes de cette maladie dans un feuilleton de journal, qu'elle avait conservé prudemment, comme pièce bonne à consulter dans l'occasion. On voit que, pour son grand bien et celui des autres, cette personne a su mettre à profit l'enseignement qu'on lui avait communiqué.

Après vous avoir exposé, aussi fidèlement que cela m'a été possible, l'ensemble des caractères à l'aide desquels la rage du chien peut être reconnue à toutes ses périodes, et surtout à sa période initiale, je crois, mesdames et messieurs, qu'il ne sera pas inutile de fixer quelques instants votre attention sur les résultats de la dernière enquête administrative relative à la rage, et de vous donner ainsi un aperçu sommaire des dangers que cette terrible maladie fait courir aux populations dans notre pays. Cette enquête embrasse une période de six années, de 1863 à 1868. Chargé par le comité consultatif d'hygiène publique, dont j'ai l'honneur d'être membre, d'en dépouiller le dossier, je me suis livré à cette tâche, en vue justement de la conférence que j'avais à vous faire aujourd'hui, et voici les documents pleins d'intérêt et encore inédits que je puis vous communiquer.

Je dois cependant vous déclarer tout d'abord que, malgré la bonne volonté de l'administration de l'agriculture, par les soins de laquelle cette enquête est instituée, elle est loin d'être aussi complète qu'elle pourrait l'être et qu'il faudrait qu'elle le fût.

Ainsi, sur 89 départements, 81 seulement ont répondu à son questionnaire.

49 départements ont envoyé 108 réponses affirmatives de la manifestation d'accidents rabiques dans leurs circonscrip-

tions respectives, et 77 réponses négatives. 109 fois ils se sont abstenus de toute réponse.

32 départements ont déclaré, par 115 rapports, être restés exempts de rage, et 77 fois ils se sont abstenus de toute réponse.

Enfin 8 départements se sont signalés par une abstention complète.

Ces différentes abstentions sont d'une grande importance, car, parmi les départements dont les rapports manquent dans une ou plusieurs années de l'enquête, il s'en trouve qui, de notoriété publique, sont très-féconds en accidents rabiques, comme, par exemple, la Seine, le Rhône et Seine-et-Oise. D'où il résulte qu'il n'est pas possible d'arriver, je ne dirai pas à une conclusion légitime, mais même à une simple induction tant soit peu autorisée, relativement à l'influence que peuvent exercer sur les manifestations de la rage, la situation géographique des régions où on les signale, et les circonstances locales qui peuvent y dominer. Il faut bien reconnaître, en effet, que les renseignements recueillis par l'enquête paraissent être l'expression bien moins de la réalité de tous les faits de rage qui ont pu se produire, que des soins que les autorités locales ont mis à les recueillir et à les transmettre à l'autorité centrale.

Il n'y a donc pas lieu d'attacher aux déclarations fournies par l'enquête une trop grande créance, au point de vue du plus ou moins de fréquence de la rage dans les départements dont elles émanent. Toutefois, malgré ce qu'elle a d'imparfait et d'insuffisant, l'enquête ne laisse pas que de fournir encore des résultats pleins d'intérêt.

Les voici en substance :

1° Dans les 49 départements où la rage a été dénoncée par 108 rapports, 320 personnes ont été mordues par des animaux enragés. Ce chiffre est déjà formidable, mais il doit être bien loin de la réalité, puisqu'il y a des départements où la rage est fréquente et dont les rapports manquent dans certaines des années de l'enquête.

2° Sur les 320 personnes mordues, les morsures ont donné lieu, dans 129 cas, à des accidents rabiques, ce qui constitue une mortalité de 40,31 pour 100.

3° Sur les 320 personnes mordues, les morsures n'ont pas été suivies d'accidents rabiques dans 123 cas connus et spécifiés ; l'innocuité constatée de ces morsures a donc été de 38 pour 100 environ.

Mais il faut considérer qu'il y a 68 cas dont les terminaisons ne paraissent pas avoir été connues, puisqu'il n'en est rien dit dans les documents de l'enquête, ce qui permet de supposer que, pour le plus grand nombre des personnes dont il s'agit dans ces 68 cas, les morsures qu'elles ont subies n'ont pas eu de résultats funestes, car une terminaison mortelle d'une morsure rabique a toujours plus de retentissement que ne peut l'avoir un accident de cette nature, suivi d'une complète immunité.

D'où il résulterait qu'on pourrait considérer comme acquis à l'immunité la plupart des cas de morsures spécifiés dans l'enquête, desquelles il n'est pas dit que la mort s'en est suivie.

4° Sur les 320 personnes mordues, 206 appartiennent au sexe masculin et 81 au sexe féminin. Pour 33 le sexe n'est pas indiqué.

Ce résultat est parfaitement concordant avec ceux qu'ont donnés les enquêtes précédentes ; toujours le nombre des femmes mordues est de beaucoup inférieur à celui des hommes, ce qui ne peut s'expliquer évidemment que par les chances moindres que courent les femmes, en raison de leurs habitudes et de leurs travaux, d'être rencontrées par des chiens enragés et de subir leurs atteintes. Peut-être aussi que l'ampleur plus grande de leurs vêtements est pour elles une condition de préservation, l'animal enragé assouvissant sa fureur sur ce qui se trouve immédiatement sous sa dent.

5° Les accidents mortels ne se sont pas répartis d'une manière égale entre les deux sexes : sur les 206 personnes mordues du sexe masculin, la mortalité a été de 100, c'est-à-dire d'un peu moins de la moitié, et, sur 81 personnes du sexe féminin, elle n'a été que de 29, un peu plus du tiers : 48 pour 100 dans le premier cas et 36 pour 100 dans le second.

Ce privilége d'immunité relative, que les documents de l'enquête actuelle donnent au sexe féminin, n'est probablement qu'un accident de statistique, portant sur de trop petits nombres pour qu'il soit possible d'en rien conclure.

Aussi n'y-t-il qu'à enregistrer ce fait sans commentaires.

6° L'âge des personnes mordues est indiqué dans 274 cas, dont la répartition par séries décimales met en relief ce fait intéressant, que le plus grand nombre des accidents de morsures (97 sur 274) correspond à la série de 5 à 15 ans, c'est-à-dire à l'âge de l'imprévoyance, de l'imprudence, de la faiblesse, et surtout à l'âge des jeux et de la taquinerie. Bien des chiens, sous le coup de la rage, épargneraient les enfants auxquels ils sont familiers, s'ils n'étaient poussés à bout par des harcèlements continuels que les enfants répètent d'autant plus volontiers que, ne reconnaissant pas dans le chien avec lequel ils veulent jouer son humeur habituelle, au moment des premières manifestations de la rage, ils se trouvent déterminés par là à l'exciter davantage.

D'un autre côté, cette si grande proportion d'enfants mordus s'explique par le nombre plus grand des chances qu'ils courent d'être atteints par des chiens errants, dans les rues des villes ou des villages où ces enfants se trouvent si communément réunis en groupes pour se livrer à leurs jeux.

7° Un autre fait très-intéressant ressort des documents de cette enquête, c'est que la série où le chiffre de la mortalité est le plus faib'e est justement celle où le nombre des accidents de morsures est le plus élevé ; les 97 cas de morsures constatées sur des enfants de cinq à quinze ans n'ont été suivis d'accidents mortels que 26 fois, tandis que, dans les séries suivantes, la mortalité est de 12 sur 25, de 21 sur 34, de 17 sur 28 ; ou, en chiffres plus comparables, tandis que la mortalité est de 26,77 pour 100 dans la série de cinq à quinze ans, elle s'élève à 48, à 61, à 60 pour 100, etc., etc., dans les séries suivantes.

D'où cette conclusion, que si les enfants sont plus exposés aux morsures rabiques, il se pourrait qu'ils fussent moins prédisposés à contracter la rage, peut-être par le privilége de leur insouciance naturelle et conséquemment de leur parfaite quiétude morale.

8° Les morsures rabiques ont été infligées, dans le plus grand nombre des cas, par des chiens et surtout par des chiens mâles.

Sur les 320 cas de morsures, dont il est question dans l'enquête, 284 ont été faites par des chiens mâles, 26 par des chiennes, 5 par des chats ou chattes, et 5 par des loups ou louves.

Il n'est parlé, dans ces documents, d'aucune morsure faite à l'homme par des herbivores.

9° Au point de vue des saisons, la statistique fournie par toutes les périodes de l'enquête donne les résultats suivants :

Pour les trois mois du *printemps :* mars, avril, mai, 89 cas : pour les trois mois de l'*été :* juin, juillet, août, 74 cas ; pour les trois mois de l'*automne :* septembre, octobre, novembre, 64 cas ; et pour les trois mois d'*hiver :* décembre, janvier, février, 75 cas.

D'où il ressort : *a.* Qu'il n'y a pas eu une très-grande différence entre les saisons sous le rapport des chiffres des cas de rage ;

b. Que la saison d'hiver est, à une unité près, équivalente, au point de vue du nombre des accidents rabiques, à la saison des grandes chaleurs ;

c. Que c'est au printemps que ces accidents ont été les plus nombreux et en automne le moins ;

d. Et, en résultat dernier, que l'opinion qui amnistie l'hiver à l'endroit de la rage et incrimine l'été de préférence à toute autre saison n'est pas l'expression véritable des faits.

Ce qui conduit à cette conclusion d'une importance supérieure, au point de vue de la police sanitaire et de la préservation individuelle, qu'en tout temps et dans toutes les saisons, il faut se méfier de a rage et prendre, à l'égard du chien, des mesures de précaution identiques.

Il faut, toutefois, faire observer que si la statistique actuelle fournit des chiffres presque égaux d'accidents rabiques pour la saison des grandes chaleurs et pour celle des grands froids, il se pourrait que cette équivalence eût sa cause dans la plus grande rigueur avec laquelle les prescriptions de la police sanitaire sont observées en été, à l'égard des chiens, tandis qu'en hiver elles sont à peu près lettre morte. Mais, quoi qu'il en puisse être de la valeur de cette interprétation, il demeure certain que la rage canine est une maladie de toutes les saisons, et que, conséquemment, il faut toujours se tenir en garde contre ses atteintes possibles.

10° A l'égard de la durée de la période d'incubation, l'enquête donne des résultats d'une grande importance par eux-mêmes et par leur concordance avec ceux que les enquêtes antérieures ont déjà fait connaître.

Sur les 129 cas où les morsures rabiques ont été suivies d'accidents mortels, la durée de la période d'incubation a été constatée 106 fois, et il ressort des faits que c'est pendant les soixante premiers jours consécutifs à la morsure que les manifestations de la rage ont été le plus nombreuses : 73 cas, sur les 106 où la période d'incubation a été constatée.

Les 33 autres cas se dispersent sur les jours suivants : jusqu'au deux cent quarantième, c'est-à-dire embrassant une période de huit mois exactement ; mais ils deviennent graduellement de moins en moins nombreux, de telle sorte qu'au delà du centième jour les accidents rabiques ne se comptent plus que par les chiffres 1 et 2. Au huitième mois, il n'y en a plus qu'un cas.

D'où cette conclusion, qu'après une morsure subie, les chances de ne pas contracter la rage augmentent considérablement, lorsque deux mois se sont écoulés sans qu'aucune manifestation rabique se soit produite, et qu'au delà du quatre-vingt-dixième jour, la grande somme des probabilités est en faveur de l'immunité complète.

Sans doute que, passé cette époque, les menaces de la rage n'ont pas encore complétement disparu, et qu'il n'y a pas lieu d'être tout à fait rassuré pour les personnes qui ont subi des morsures virulentes ; mais les perspectives de l'avenir deviennent de moins en moins sombres, et de plus grandes espérances sont permises aux victimes de ces morsures et aux personnes auxquelles elles sont chères.

Dans les enquêtes antérieures, il a été établi que la durée de la période d'incubation était d'autant plus courte que les sujets atteints par des morsures rabiques étaient moins avancés en âge.

Les résultats fournis par l'enquête actuelle sont confirmatifs de ceux que les enquêtes précédentes ont déjà donnés. En comparant l'une à l'autre les séries des périodes d'incubation, de trois à vingt ans d'une part, et de vingt à soixante-douze ans de l'autre, on trouve, pour la première, une période moyenne de 44 jours, et, pour la seconde, une période moyenne de 75 jours, différence sensible, et qui présente un grand intérêt au point de vue du pronostic des suites possibles des morsures rabiques dans la première période de la vie.

11° La durée de la maladie a été constatée dans 90 cas, de l'examen desquels il résulte que la mort est arrivée 74 fois dans le délai des quatre premiers jours, les plus gros chiffres de mortalité correspondant au deuxième et au troisième, et que la vie ne s'est prolongée que 16 fois au delà du quatrième jour.

H. BOULEY.   6

Cette fois, comme toujours, l'enquête établit que la mort a été la terminaison inévitée des accidents rabiques, et que les malheureux qui en ont été les victimes ont passé par d'épouvantables tortures morales et physiques, qui expliquent et justifient les terreurs que l'idée seule de la rage inspire partout aux populations dans tous les rangs de la société.

12° Les documents de l'enquête fournissent des indications pleines d'intérêt sur le plus ou moins de nocuité des morsures rabiques, suivant les régions où elles ont été faites.

Si l'on compare entre elles les morsures, *occupant le même siége*, dont les unes ont eu des suites mortelles, tandis que les autres sont restées inoffensives au point de vue de la rage, on trouve que, sur les 32 cas où les blessures ont été faites au visage, elles ont été suivies d'accidents mortels 29 fois, et ne sont restées inoffensives que 3 fois seulement, ce qui, pour ces sortes de blessures, donne, d'après la statistique actuelle, une mortalité de 90 pour 100, tandis que leur innocuité ne serait que de 9 environ.

Dans les 73 cas où les blessures virulentes ont été constatées sur les mains, la statistique démontre qu'elles ont été mortelles 46 fois et qu'elles sont restées inoffensives 27 fois : soit une mortalité de 63 pour 100 et une innocuité de 36 pour 100.

Pour les blessures des membres supérieurs et inférieurs, comparées à celles du visage et des mains, les rapports sont inverses : les 28 blessures rabiques constatées aux membres supérieurs, les mains exceptées, ont été suivies d'accidents mortels 8 fois et sont restées inoffensives 20 fois ; les 24 blessures constatées aux membres inférieurs ont été suivies d'accidents mortels 7 fois et sont restées inoffensives 17 fois : soit une mortalité de 28 et de 29 pour 100, et une innocuité de 70 et de 71 pour 100.

Enfin, pour les blessures du corps, généralement multiples, c'est le chiffre de la mortalité qui prédomine de nouveau : sur 19 blessures du corps, 12 ont été mortelles et 7 sont restées inoffensives.

Ces faits, qui sont confirmatifs de ceux que les enquêtes antérieures ont déjà fournis, donnent de nouveau la démonstration que les blessures rabiques faites sur des parties découvertes, comme le visage et les mains, ouvrent à la contagion une voie plus sûre que celles qui ont leur siége sur les bras et sur les jambes, que, d'ordinaire, la dent de l'animal enragé ne peut atteindre qu'après avoir traversé un vêtement qui l'essuie et la dépouille de son humidité virulente.

Il est vrai que les conséquences des morsures faites sur le corps semblent contredire cette proposition, mais il faut faire observer à cet égard que, généralement, ces blessures sont multiples, ce qui augmente les chances de l'inoculation : que, parmi ces blessures, il en est qui ont leur siége sur des parties dénudées, comme le cou et la poitrine, et qu'enfin la plupart du temps, quand un homme est attaqué par un animal enragé, s'il est mordu sur le corps, il l'est aussi sur les mains, qui sont ses instruments naturels de défense.

13° Un grand intérêt se rattache aux renseignements que fournit l'enquête actuelle sur les moyens à l'aide desquels il est possible de prévenir les terribles effets des inoculations rabiques.

Si l'on compare entre elles, au point de vue de leurs suites, les blessures rabiques qui ont été cautérisées et celles qui ne l'ont pas été, on constate une différence considérable entre les unes et les autres, à l'égard de l'innocuité consécutive. De fait, sur 134 blessures cautérisées, l'innocuité se mesure par le chiffre 92, et la mortalité par le chiffre 42 ; c'est-à-dire par 68 pour 100 dans le premier cas et par 31 pour 100 dans le second.

Pour les blessures non cautérisées, le résultat est inverse et bien plus accusé. Sur 66 de ces blessures, la mortalité se mesure par le chiffre 56, ou 84 pour 100, et l'innocuité par le chiffre 10 seulement, ou 15 pour 100.

Maintenant, il faut faire observer, à l'égard des blessures cautérisées, qu'il n'a pas été possible, faute de renseignements suffisants, d'établir entre elles une distinction d'après le degré de la cautérisation et le moment où elle leur a été appliquée : deux conditions desquelles dépend l'efficacité certaine ou l'inanité complète de ce moyen de préservation.

Si ce départ eût pu être fait, il est permis d'affirmer que le chiffre des blessures cautérisées restées inoffensives aurait grossi considérablement, car la destruction par le feu des tissus souillés et même imprégnés de salive virulente prévient, on peut dire à coup sûr, les accidents rabiques, lorsqu'elle est faite à temps, c'est-à-dire avant l'absorption du liquide déposé dans la plaie.

f. *Indication des moyens propres à prévenir les effets des inoculations rabiques.*

Je me trouve maintenant tout naturellement conduit à vous parler, non pas des moyens de guérir la rage, — le remède de cette terrible maladie est encore, hélas! le secret de l'avenir, — mais bien de ce qu'il convient de faire pour empêcher que l'inoculation d'une bave virulente soit suivie de conséquences funestes.

Il résulte des documents dont je viens de vous présenter l'analyse, qu'en définitive, c'est la cautérisation des morsures, et surtout la cautérisation au fer rouge, faite avec le plus d'énergie et dans le plus court délai possible, après l'inoculation, qui s'est montrée, cette fois-ci comme toujours, la plus fidèle des ressources prophylactiques.

Je ne saurais dire et je crois qu'il serait téméraire aujourd'hui de vouloir indiquer dans quelles limites de temps s'effectue l'absorption de la bave virulente mise en rapport avec une plaie, par une morsure ou autrement : les données de l'expérimentation ne sont pas encore suffisantes pour qu'on puisse se prononcer en cette matière avec une connaissance complète de cause. Mais ce que l'on peut affirmer sans crainte d'erreur c'est que, étant faite une blessure virulente, on n'a jamais recours trop tôt à la cautérisation par le fer rouge de préférence à tout autre, et qu'il vaut mieux s'en servir avec excès que d'une manière timorée.

Cette opération n'exige pas absolument l'intervention d'un homme de l'art, tout au moins lorsque les plaies sont superficielles ou que, ayant pénétré à une certaine profondeur, elles n'occupent que des régions charnues. Il est facile d'improviser les instruments qui sont propres à l'usage de la cautérisation : une tringle de rideau, un fer à tuyauter, un tisonnier, une tige de fer quelconque, voire même une lame de couteau ou les extrémités des lames d'une paire de ciseaux mousses peuvent être utilisés, mais il est préférable que l'instrument soit cylindrique ou conique, plutôt qu'aplati en lame, parce que sous les premières de ces formes, il contient et conserve plus de chaleur. Pour s'en servir, il faut le faire chauffer à la température rouge claire, et le mettant en rapport avec la blessure, on l'y maintient appliqué d'une main ferme, en ayant bien soin de la brûler dans toute son étendue et toute sa profondeur. Pour plus de sûreté, la cautérisation étant faite une première fois, il sera bon de remettre le fer au feu et de la répéter. La considération de la douleur est ici bien secondaire ; qu'importent ces quelques souffrances d'un moment, si cuisantes qu'elles puissent être, quand on les compare à la grandeur du service qu'on doit en retirer. Du reste, on se fait généralement de la douleur causée par le feu un plus gros monstre que cela ne devrait être. Cette douleur est très-supportable, surtout lorsque les parties immédiatement touchées par le cautère sont converties en charbon. Il paraîtrait même, si je m'en rapporte au récit que m'a fait sur ce point M. Leblanc père, vétérinaire à Paris, qui pouvait en parler d'après son expérience personnelle, il paraîtrait que la cautérisation dans le cas de morsure rabique causerait à celui qui la subit avec connaissance de cause, je ne dirai pas tout à fait du plaisir, mais une certaine satisfaction, résultant de ce que l'idée du bien qu'elle doit faire s'associe dans l'esprit à la sensation douloureuse perçue.

A défaut du cautère, qu'il n'est pas possible d'employer dans toutes les circonstances, et immédiatement, on peut appliquer le feu sur les parties blessées, par l'intermédiaire de la poudre de chasse. D'après des renseignements communiqués à l'Académie impériale de médecine par une personne, M. Manière, qui a habité, pendant quinze ans, Haïti, la rage serait une maladie fréquente dans ce pays et on l'observerait dans toutes les saisons ; mais elle ne donnerait pas lieu à des accidents proportionnels au nombre des morsures, parce que chacun sait ce qu'il doit faire pour prévenir les suites de celles-ci.

Dès qu'une morsure est reçue on la bourre de poudre qu'on allume, et l'on détermine ainsi une cautérisation très-efficace à laquelle on peut recourir partout extemporanément, la poudre de chasse se trouvant presque toujours dans toutes les poches et, à coup sûr, dans toutes les maisons. On complète l'action du feu par celle d'un vésicatoire, et les malades sont soumis à un traitement mercuriel poussé jusqu'à la salivation. L'auteur de cette relation prétend que, malgré la fréquence des morsures rabiques à Haïti, il n'a vu succomber à la rage qu'une seule personne qui s'était refusée à recourir à la cautérisation suivant le mode usité dans le pays. Cette pratique d'Haïti présente l'avantage de la facilité de son application immédiate dans une foule de circonstances où la cautérisation par le fer ne peut être employée ; elle constitue donc une ressource précieuse qu'il était bon de faire connaître et qu'il ne faut pas négliger.

Si le feu est le meilleur des agents destructeurs des tissus sur lesquels a porté une dent virulente, cela ne veut pas dire qu'il faille l'employer à l'exclusion absolue des autres agents de cautérisation, et qu'en dehors de lui il n'y ait pas de salut. Le but à atteindre est la destruction la plus rapide possible des tissus touchés ou déjà imprégnés par la salive rabique. Si à défaut du feu, qu'on peut ne pas trouver toujours partout et immédiatement, de manière à pouvoir l'appliquer soit suivant le mode chirurgical, soit même avec la poudre, on avait sous la main un agent caustique tel que l'acide nitrique, l'acide sulfurique, l'acide chlorhydrique, la pierre à cautère, le beurre d'antimoine, le sublimé corrosif, le nitrate d'argent, il faudrait l'employer sans délai et avec toute l'énergie que permet l'organisation des parties où la morsure a son siége, sauf à recourir ultérieurement au feu, lorsque le moment de pouvoir s'en servir serait venu.

On ne saurait trop insister sur la nécessité absolue de l'emploi énergique de ces moyens préventifs, car les documents de l'enquête actuelle portent un trop grand nombre de témoignages des pratiques insuffisantes auxquelles bien souvent on se contente de recourir. Bien des fois, en effet, il est indiqué dans ces rapports qu'on n'a fait usage pour le traitement d'une morsure rabique que de l'ammoniaque, ou de l'alcool ou du nitrate d'argent employé trop superficiellement, ou simplement même d'un vinaigre quelconque, et que, cela fait, on s'est abstenu de toute autre application locale, les moyens employés étant considérés comme suffisants.

Dans bon nombre de cas encore, il est établi que, faute de substances quelconques à appliquer sur une blessure faite par un animal enragé, on s'est abstenu de toute intervention immédiate avant le moment où soit le cautère, soit les agents caustiques ont pu être employés. Mais trop souvent, en pareil cas, un trop long délai s'est écoulé entre le moment de la morsure et celui de l'application du traitement qui reste inefficace pour avoir été trop tardif.

Qu'y a-t-il donc à faire en pareille circonstance, c'est-à-dire lorsqu'on est loin de tous les secours, et que l'on n'a sous la main aucun agent propre à détruire le liquide virulent qui peut avoir été introduit dans la plaie? Dans ce cas encore, il ne faut pas rester inactif, et l'on peut, par l'emploi de pra-

tiques spéciales, parvenir soit à empêcher l'absorption du
virus, soit tout au moins à la retarder.

Le premier de ces moyens, qui peuvent être préservateurs
si l'on se hâte d'y recourir, est la succion immédiate de la
plaie que le blessé, dans ce cas, devrait toujours s'empresser
de pratiquer lui-même, toutes les fois que cela lui serait possible, c'est-à-dire que la blessure aurait son siége dans une
région à portée de sa bouche. Le sang qui s'écoule sous l'aspi-
ration des lèvres entraînant avec lui le liquide virulent qui
déjà peut avoir pénétré dans les capillaires de la partie blessée,
les chances de l'absorption de ce liquide se trouvent ainsi ou
annulées ou considérablement réduites. Sans doute que l'on
peut objecter à cette pratique que l'absorption qui ne se fait
pas dans la plaie, peut s'effectuer dans la bouche, grâce à l'extrême finesse de la membrane qui la tapisse, mais ce danger
peut être évité, si après chaque succion, le liquide aspiré est
immédiatement rejeté. Du reste, il ne semble pas qu'en une
telle occurrence il puisse y avoir, pour le blessé, motif à aucune
hésitation à l'égard du parti qu'il doit prendre, puisque, à
coup sûr, les chances sont bien plus grandes de l'absorption
d'un virus par la surface d'une plaie vive que par celle d'une
muqueuse intacte.

Mais si, dans les conditions qui viennent d'être spécifiées,
les chances sont bien faibles de l'absorption par la bouche
du virus rabique, je n'oserais dire, cependant, qu'elles sont
tout à fait nulles, et conséquemment recommander la succion comme une pratique générale dont on peut affirmer l'innocuité absolue. Je me borne donc à la signaler ici comme
une ressource dont on peut toujours disposer, alors que toute
autre fait actuellement défaut, comme un moyen possible

d'éviter aux victimes des morsures rabiques les terribles dangers dont elles sont menacées, en laissant la responsabilité de leur dévouement à tous ceux qui, sous les inspirations de leurs passions affectueuses, croiront devoir recourir à la pratique de la succion pour le salut de l'un des leurs.

Pour prévenir les redoutables effets des morsures rabiques on peut aussi, et il faut toujours, recourir à l'expression des plaies, afin de les faire saigner le plus possible et d'entraîner avec le sang la salive virulente qu'elles peuvent contenir. Si en même temps qu'on exprime les plaies, il est possible de les soumettre à un lavage continu avec un liquide quel qu'il soit, ne fût-ce que l'urine, il ne faut pas négliger l'emploi de ce moyen qui peut être très-efficace. L'eau de Javelle, si employée pour les usages domestiques, peut être en pareil cas d'un très-utile secours.

Il sera bon aussi, en attendant qu'on puisse faire usage des agents destructeurs, feu ou caustiques, de soumettre les lèvres des plaies à une pression continue et très-énergique, de manière à effacer le calibre de leurs petits vaisseaux et à suspendre dans leurs tissus le courant sanguin, condition nécessaire de l'absorption.

Toutes les fois que la disposition de la région permettra de l'étreindre par une ligature circulaire, on ne devra pas négliger ce moyen, propre à suspendre la circulation locale, et à ralentir, si ce n'est même à empêcher l'absorption dans les tissus blessés. Cette ligature ne devra être levée qu'après l'application du feu ou des caustiques sur ces tissus, et il sera même toujours d'une bonne précaution de la maintenir jusqu'à ce que, par l'emploi des ventouses scarifiées multiples, on ait pu faire évacuer la plus grande quantité possible du sang dont elle avait suspendu le cours dans les parties soumises à son étreinte.

Tel est l'ensemble des mesures qu'il est nécessaire ou tout au moins très-utile d'employer, pour prévenir ou diminuer les dangers que font courir les morsures virulentes aux personnes qui les ont subies.

Maintenant, il existe une foule de recettes, de remèdes secrets, de pratiques de différents ordres, auxquels on a communément recours, dans beaucoup de pays, pour se mettre à l'abri des menaces de la rage.

Je ne veux pas examiner ici ce que peut être la valeur thérapeutique de ces moyens, plus vantés les uns que les autres dans les localités respectives où la tradition les a conservés. Mais je crois devoir dire que, quels qu'ils soient en définitive, il ne faut pas les proscrire, car il n'y a vraiment aucun avantage à le faire.

De fait, il est certain que jusqu'à présent on n'a pas encore trouvé le remède antirabique, c'est-à-dire l'agent qui aurait la vertu merveilleuse d'annuler le germe de la rage, lorsqu'il est introduit dans le sang et qu'il y reste en puissance de tous ses effets. Tout ce que peut la médecine, c'est le détruire sur place, dans la blessure où il a été déposé par la dent de l'animal enragé. Cela fait, elle ne sait plus rien de matériellement efficace pour conjurer le danger. Le malheureux qui se trouve en présence des menaces de la rage passe, pendant une longue période de jours et même de mois, par toutes les perplexités, par toutes les angoisses, par toutes les tortures morales du condamné à mort. Il a sans cesse devant les yeux comme un spectre implacable, fantôme encore aujourd'hui, mais demain réalité possible.

Dans de pareilles conditions de son esprit, quel inconvénient y a-t-il à ce qu'il aille chercher, n'importe où, quelques
motifs de ne pas tant désespérer, quelques moyens de retrou-
ver un peu de calme et de repos? Qui peut dire que le rassé-
rénement de son esprit, que sa confiance ou que sa foi ne
seront pas pour lui, dans une certaine mesure, des moyens
de salut? La statistisque de l'enquête dont je viens de vous
rendre compte ne démontre-t-elle pas qu'à nombre égal de
sujets, enfants et adultes, exposés à la rage par suite de morsures virulentes, cette maladie fait bien moins de victimes
sur ceux-là que sur ceux-ci? Et ce résultat ne donne-t-il pas
à penser que le moral pourrait bien avoir quelque influence
sur le développement de cette maladie étrange?

Pour moi, je demeure convaincu que les pratiques ou les
médications, quelles qu'elles soient, qui s'adressent au moral
des personnes, victimes des inoculations rabiques, peuvent être
d'un très-utile secours. Il m'est arrivé quelquefois de faire
prendre à des malheureux qui étaient sous le coup des terreurs de la rage des breuvages innocents, à titre de spécifiques
infaillibles, et le souvenir que j'ai conservé de leur immense
contentement m'a toujours affermi dans l'idée qu'en pareille
matière il n'était pas bon de détruire les illusions et les
croyances : mieux vaudrait au contraire les faire naître.
Mais il ne faut pas que ces moyens, qui constituent ce que l'on
peut appeler le traitement moral de la rage, prennent jamais
le pas sur ceux dont l'action matérielle est certainement efficace, lorsqu'on les emploie dans le temps convenable et qu'on
sait s'en servir. Il ne faut pas surtout que jamais les premiers
se substituent à ceux-ci. Là serait un grand danger contre
lequel je dois vous mettre en garde.

Je me résume sur ce point et je dis : Étant reçue une blessure rabique, il faut immédiatement et sans perdre une minute, prévenir l'absorption de la bave virulente par l'expression de la plaie, son lavage, la succion exercée par la bouche ou par une ventouse, et le plus tôt possible recourir à la cautérisation à l'aide du feu ou des agents chimiques. Jamais il ne faut s'abstenir du traitement local de la blessure par les moyens énergiques que j'ai prescrits, et c'est à ce traitement qu'il faut recourir toujours et avant tout autre. Mais cela fait, il n'y a aucun inconvénient à coup sûr, il ne peut y avoir que de grands avantages à ce que les malades aillent chercher des ressources et des espérances partout où ils croiront pouvoir en trouver. Quand tout ce qu'il était matériellement possible de faire a été fait, l'indication essentielle qui reste à remplir est de rassurer le moral des blessés, puisque tout tend à prouver qu'ils offrent d'autant moins de prise à la maladie que leur système nerveux est moins ébranlé par les terreurs de l'avenir. A ce dernier égard, je vous ferai observer que la statistique actuelle, concordante en cela avec toutes celles qui l'ont précédée, fournit des chiffres qui, au point de vue du traitement moral de la rage, peuvent avoir une influence salutaire, car ils témoignent qu'une blessure rabique n'est pas fatalement mortelle, comme beaucoup sont trop portés à le croire ; qu'au contraire, dans plus de la moitié des cas, elle ne donne lieu à aucune conséquence funeste. J'ajoute qu'à l'avenir, les chiffres des cas d'innocuité des blessures rabiques grandiront d'autant plus que plus souvent on aura recours à l'emploi immédiat des moyens propres à empêcher l'absorption de la bave virulente dans les plaies où elle aura pu être introduite.

Prévenir cette absorption, voilà le grand but à atteindre,

car lorsque la rage est déclarée la mort est fatale, ou du moins jusqu'à présent elle l'a été.

Aucun remède n'étant encore connu contre la rage, le mieux qu'il y ait à faire est de tâcher de diminuer les souffrances physiques de ceux qui en sont atteints, et de les soustraire à leurs tortures morales par l'emploi continué des anesthésiques, sous toutes les formes et par toutes les voies. Puisqu'ils sont condamnés à mourir, c'est leur rendre le plus grand des services que de leur donner tout à la fois l'inconscience de leur état et l'insensibilité pour leurs souffrances.

Il me reste maintenant, mesdames et messieurs, pour terminer cette conférence, à vous donner une idée, d'après les documents de l'enquête, du nombre des animaux de l'espèce canine qui ont été mordus par des chiens ou des loups enragés, et, par ce nombre, des chances plus ou moins grandes que courent les populations, dans notre pays, de subir elles-mêmes des morsures rabiques.

Le chiffre des chiens mordus dont il est question dans l'enquête s'élève à 785. Sur ce nombre, il est constaté que 527 ont été abattus.

Des 258 qui restent, on ne connaît le sort que de 25 seulement, qui ont été séquestrés et dont 13 ont contracté la rage.

Ces chiffres sont bien loin de donner la mesure exacte des animaux de l'espèce canine qui ont reçu des morsures virulentes. Ils expriment seulement le nombre des animaux de cette espèce sur lesquels les autorités locales ont reçu et donné des renseignements. Tels qu'ils sont, cependant, ils ont une signification qu'il est important de faire ressortir.

Établissons ce premier fait que, sur le nombre des chiens que l'on a constaté avoir été contaminés par une morsure rabique, il y a près d'un tiers, 29 pour 100, qui paraissent avoir échappé aux mesures sanitaires de la séquestration ou de l'abatage, par suite de l'incurie probable, de l'ignorance ou de la trop grande complaisance des autorités chargées de faire appliquer ces mesures ; par suite aussi de l'indifférence des populations menacées, qui devraient être les premières toujours, si elles comprenaient bien leurs intérêts, à réclamer l'application de ces mesures qu'on peut dire de salut public.

Leur nécessité, trop mal comprise, se trouve démontrée par les faits qui viennent d'être rapportés. Sur les 25 chiens dont la séquestration a été constatée et l'histoire suivie, la moitié a contracté la rage. Admettons que le même fait se soit produit dans le groupe des 233 chiens restés libres malgré leur contamination : 116 ont donc dû devenir à leur tour les propagateurs de cette terrible maladie, et il n'y a rien d'exagéré à admettre que chacun d'eux a dû faire dans son espèce une dizaine de victimes, destinées à fournir, elles aussi, une nouvelle légion d'agents propagateurs ; et successivement ainsi. En sorte que la rage de l'espèce canine s'entretient surtout par elle-même et que son chiffre va croissant, suivant une progression redoutable ; tandis que si les autorités étaient vigilantes, si surtout les populations étaient plus soucieuses de leur propre conservation et savaient se protéger elles-mêmes, on pourrait arriver, sans de bien grandes difficultés, à réduire à des proportions bien minimes les désastres causés par cette maladie et les irréparables malheurs qu'elle entraîne trop souvent lorsqu'elle s'attaque à l'homme.

Notons bien, en effet, qu'il est excessivement rare que la rage du chien soit spontanée. Dans l'immense majorité des cas, cette maladie ne procède que de la contagion ; sur

1000 chiens enragés, il y en a 999 au moins qui doivent leur mal à l'inoculation d'une morsure.

La contagion, voilà donc la grande cause qu'il faut éteindre ou, tout au moins, dont il faut circonscrire l'action dans les limites les plus étroites possible. Il est évident que ce résultat serait atteint si toutes les fois qu'un chien enragé a passé par une localité, on connaissait exactement les animaux qu'il a mordus et que ceux-ci fussent mis hors d'état de nuire à leur tour, soit par une séquestration réelle, prolongée pendant huit mois au moins, soit par un abatage immédiat, ce qui est, à coup sûr la mesure la plus efficace, puisque le germe du mal serait ainsi détruit avant d'avoir pu fructifier. Je ne me dissimule pas que de nombreuses difficultés s'opposent à ce que ces mesures, d'une nécessité absolue cependant, soient appliquées, l'une ou l'autre, avec toute la rigueur qu'il faudrait pour qu'elles pussent produire toutes leurs conséquences utiles, à savoir l'extinction complète de la contagion rabique.

Dans un très-grand nombre de cas, en effet, le chien est pour l'homme plus qu'un animal, c'est un être auquel on est attaché par un sentiment affectueux souvent très-énergique ; pour beaucoup, il est comme de la famille, il est le favori des enfants, il rappelle un souvenir resté cher, et l'on conçoit que, dans de telles conditions, il soit difficile d'obtenir contre lui l'acquiescement de son maître à son arrêt de mort. Reste la séquestration ; mais à moins qu'elle soit exécutée dans un établissement spécial, bien des empêchements mettent obstacle à ce qu'on y tienne la main avec toute la rigueur voulue. Dans les premiers jours, alors qu'on est encore tout plein des terreurs de l'événement qui vient de se produire, le chien qui a été mordu est soumis à une surveillance sévère; on le tient rigoureusement attaché ou enfermé, en se promettant bien de le laisser en quarantaine tout le temps nécessaire ; mais avec le temps qui s'écoule, l'oubli vient, les craintes de l'avenir disparaissent, et un beau jour, l'animal suspect redevient libre, juste au moment où il peut être le plus redoutable, c'est-à-dire à l'époque où la période d'incubation de la maladie dont il peut avoir reçu le germe touchant à sa fin, l'explosion en est imminente. Personne ne s'inquiète de cette liberté trop tôt rendue à l'animal qui a pu être inoculé : son maître parce qu'il ne croit plus au danger, les habitants de la localité parce qu'ils ont tout oublié, et les autorités, par ignorance de ce qui peut arriver, ou par insouciance de leur devoir, ou encore par la crainte d'être obligées de l'accomplir; et ainsi peut se trouver réalisée la condition fatale de la propagation de la rage par cet animal auquel une morsure en a transmis le germe. Rappelons-nous que sur les 25 chiens dont la séquestration est mentionnée dans l'enquête, 13 sont devenus enragés. Quel chiffre! et comme il témoigne énergiquement de la nécessité absolue de prendre contre tous les chiens mordus des mesures rigoureuses qui les mettent dans l'impuisance de nuire ! Et puisque la séquestration est une mesure trop souvent infidèle, tandis que l'abatage immédiat des animaux suspects est, pour les populations, une condition absolue de sécurité, je crois qu'en pareil cas, l'humanité commande le parti qu'il faut prendre, et qu'en définitive, mieux vaut se résigner à faire mourir les chiens que de courir la chance de faire mourir les hommes.

Du reste, si le sentiment de l'humanité ne parlait pas assez

haut pour inspirer et faire suivre à tout le monde la ligne de
conduite que je viens d'indiquer comme la meilleure, — ce
à quoi il faut bien s'attendre après tout, — il y aurait, ce
me semble, un moyen excellent de déterminer les propriétaires des chiens suspects à en faire le sacrifice, ce serait de
faire peser sur eux la responsabilité pécuniaire des sévices et des
désastres que leurs animaux pourraient causer. Pour cela de
nouvelles lois ne seraient pas nécessaires ; il suffirait d'impo-
ser, par simple mesure de police, l'obligation *rigoureuse* pour
tous les propriétaires de chiens de maintenir au cou de leurs
animaux un collier portant l'indication des noms et demeure
de ceux auxquels ils appartiennent. Cette mesure adoptée et
rigoureusement exécutée, dans l'intérieur des maisons comme
au dehors, — car le chien et son collier devraient être insé-
parables, — si un de ces animaux venait à causer des malheurs,
les articles 1382, 1383 et 1385 du Code civil pourraient et devraient être invoqués contre son maître, car aux termes de
ces articles : « 1° *Tout fait quelconque* d'un homme qui cause
» à autrui un dommage oblige celui par le fait duquel il est
» arrivé à le réparer.

» 2° Chacun est responsable du dommage qu'il a causé,
» non-seulement par son fait, mais encore par sa négligence
» et par son imprudence.

» 3° Le propriétaire d'un animal, ou celui qui s'en sert,
» pendant qu'il est à son usage, est responsable du dommage
» que l'animal a causé, soit que l'animal fût sous sa garde,
» *soit qu'il fût égaré ou échappé.* »

Or, la réparation, en cas de mort d'homme causée par la morsure d'un chien enragé, pouvant et devant toujours s'élever à
des chiffres considérables, j'ai la très-forte conviction que,

.dans le plus grand nombre des cas, on se résignera à la mort des chiens *suspects*, plutôt que de courir la chance redoutable des lourdes responsabilités que leurs sévices peuvent entraîner.

Les articles 1382, 1383 et 1385 peuvent donc et doivent devenir les plus efficaces des moyens de préservation contre la rage canine ; il suffit pour cela de leur faire produire leurs effets dans toutes les circonstances où il sera possible de faire peser sur les propriétaires des chiens enragés la responsabilité des sinistres causés par leurs animaux, car, en règle générale, quelque *violente amour* que l'on porte à son chien, on en porte encore *une plus grande* à son argent.

Pour ma part, j'ai une bien plus grande confiance dans les *menaces salutaires* de ces articles que dans le musèlement de tous les chiens, que tous les arrêtés préfectoraùx ont la prétention de rendre partout obligatoire, et qui n'est exécuté nulle part d'une manière véritablement efficace. On peut même dire qu'au point de vue de la préservation de la rage, cette mesure est tout au moins inutile, car elle n'est jamais appliquée aux chiens qui sont susceptibles de nuire par le fait de leur état rabique actuel. Quelques mots d'explication vont vous le prouver. Quels sont les chiens qui, dans les rues et sur les routes, se montrent en plein accès de rage et font des morsures aux hommes et aux bêtes qu'ils rencontrent ? Est-ce que tout à l'heure, ils étaient dans les conditions de la plus parfaite santé et que la rage s'est emparée d'eux soudainement et sans aucun signe prémonitoire ? Non, à coup sûr : je me suis déjà expliqué sur ce point, dans le courant de cette conférence ; ces chiens couvaient la rage depuis quelques jours déjà chez leurs maîtres, et s'ils sont maintenant errants sur les routes,

c'est *qu'ils se sont échappés* de leurs demeures, obéissant à·
l'instinct qui les pousse à s'éloigner de ceux qui leur sont
chers. La plupart du temps, c'est à l'insu de tout le monde
qu'ils ont opéré leur fuite, et conséquemment, c'est toujours
démuselés qu'ils s'échappent, car il n'est pas habituel de maintenir la muselière dans l'intérieur des demeures. A quoi
donc peut être utile, au point de vue de la prophylaxie de la
rage, ce musèlement qu'on veut rendre obligatoire pour tous
les chiens, puisqu'en définitive, par la force même des choses, ce sont les chiens en plein accès de rage qui se trouvent
exempts, pour la plupart, de cette obligation et qu'elle n'est
le plus souvent imposée qu'à ceux qui sont en parfaite santé?

Me voici arrivé à la fin de cette longue conférence, et je ne
crois pouvoir mieux faire, pour graver plus profondément
dans les esprits ce qu'elle peut avoir d'utile, que de la résumer en quelques pages, où je me suis surtout proposé de
mettre en relief ces caractères distinctifs de la rage canine,
dont la connaissance est si importante, car, vous le savez
maintenant, avant que la rage devienne furieuse, elle s'ac-
cuse d'une telle manière, pendant quelques jours,'que, si l'on
connaissait la signification des choses, il serait toujours possible de mettre l'animal enragé hors d'état de nuire, soit
par la séquestration, soit par un abatage immédiat.

Voici ce résumé :

INDICATION DES CARACTÈRES DISTINCTIFS DE LA RAGE DU CHIEN A
SES DIFFÉRENTES PÉRIODES ET DES MOYENS PROPRES A PRÉVENIR
SA PROPAGATION.

I. — La rage du chien ne se caractérise pas par des accès
de fureur, dans les premiers jours de sa manifestation. Au

contraire, c'est une maladie, tout d'abord d'apparence bénigne; mais dès ses débuts, la bave est *virulente*, c'est-à-dire
qu'elle renferme le germe inoculable, et le chien est alors
bien plus dangereux par les caresses de sa langue qu'il ne
peut l'être par ses morsures, car il n'a encore aucune tendance à mordre.

II. — Au début de la rage, le chien change d'humeur ; il
devient triste, sombre et taciturne, recherche la solitude et
se retire dans les recoins les plus obscurs. Mais il ne peut rester longtemps en place : il est inquiet et agité, va et vient,
se couche et se relève, rôde, flaire, cherche, gratte avec ses
pattes de devant. Ses mouvements, ses attitudes et ses gestes
semblent indiquer que, par moment, il voit des fantômes, car il
mord dans l'air, s'élance et hurle comme s'il s'attaquait à des
ennemis réels.

III. — Son regard est changé ; il exprime une tristesse sombre et quelque chose de farouche.

IV. — Mais, dans cet état, le chien n'est encore nullement
agressif pour l'homme ; son caractère est ce qu'il était avant.
Il se montre docile et soumis pour son maître, à la voix duquel il obéit, en donnant quelques signes de gaieté qui ra-
mènent un instant sa physionomie à son expression habituelle.

V. — Au lieu de tendances agressives, ce sont souvent des
tendances contraires qui se manifestent dans la première période de la rage. Le sentiment affectueux envers ses maîtres
et les familiers de la maison s'exagère chez le chien enragé, et
il l'exprime par les mouvements répétés de sa langue avec
laquelle il est avide de caresser les mains ou les visages qu'il
peut atteindre.

VI. — Ce sentiment très-développé et très-tenace chez le chien le domine assez pour que, dans un très-grand nombre de cas, il respecte ses maîtres, même dans le paroxysme de la rage, et pour que ceux-ci, d'autre part, conservent sur lui un très-grand empire, même lorsque ses instincts féroces ont commencé à se manifester et qu'il s'y abandonne.

VII. — Le chien enragé n'a pas horreur de l'eau ; au contraire, il en est avide. Tant qu'il peut boire, il satisfait sa soif toujours ardente ; et quand le spasme de son gosier l'empêche de déglutir, il plonge le museau tout entier dans le vase et il mord, pour ainsi dire, le liquide qu'il ne peut plus avaler.

Le chien enragé n'est donc pas *hydrophobe ;*

L'*hydrophobie* n'est donc pas un signe de la rage du chien.

VIII. — Le chien enragé ne refuse pas sa nourriture dans la première période de sa maladie ; souvent même il la mange avec plus de voracité que d'habitude.

IX. — Lorsque le besoin de mordre, qui est un des caractères essentiels de la rage à une certaine période de son développement, commence à se manifester, l'animal le satisfait d'abord sur des corps inertes ; il ronge le bois des portes et des meubles, déchire les étoffes, les tapis, les chaussures, broie sous ses dents la paille, le foin, les crins, la laine, mange la terre, la fiente des animaux et la sienne même, etc., et accumule dans son estomac des débris de tous les corps sur lesquels ses dents ont porté.

X. — L'abondance de la bave n'est pas un signe constant de la rage chez le chien. Tantôt la gueule est humide et tantôt elle est sèche. Avant la période des accès, la sécrétion de la salive est normale ; elle s'exagère pendant cette période et se tarit à la fin de la maladie.

XI. — Le chien enragé exprime souvent la sensation douloureuse que lui fait éprouver le spasme de son gosier, en faisant avec ses pattes de devant, de chaque côté des joues, les gestes propres au chien dans la gorge duquel un os est arrêté.

XII. — Dans une variété particulière de la rage canine que l'on appelle la *rage-mue*, la mâchoire inférieure paralysée reste écartée de la supérieure et la gueule demeure béante et sèche, avec une teinte rouge brunâtre de la muqueuse qui la tapisse.

XIII. — Dans quelques cas, le chien enragé vomit du sang qui provient, suivant toutes probabilités, des blessures de son estomac par les corps acérés qu'il a déglutis.

XIV. — La voix du chien enragé change toujours de timbre, et toujours son aboiement s'exécute suivant un mode complétement différent de son mode habituel.

Il est rauque, voilé, et se transforme en un hurlement saccadé.

Dans la variété de rage appelée *rage-mue*, ce symptôme important fait défaut. La maladie reçoit son nom du mutisme absolu des malades : *rage-mue* ou *muette*.

XV. — La sensibilité est très-émoussée dans le chien enragé. Quand on le frappe, qu'on le brûle ou qu'on le blesse, il ne fait entendre ni les plaintes, ni les cris par lesquels les animaux de son espèce expriment leurs souffrances ou même simplement leurs craintes.

Il y a des cas où le chien enragé se fait à lui-même des blessures profondes avec ses dents et assouvit sa rage sur son propre corps, sans chercher encore à nuire aux personnes qui lui sont familières.

XVI. — Le chien enragé est toujours très-violemment impressionné et irrité par la vue d'un animal de son espèce. Dès qu'il se trouve en sa présence ou qu'il entend ses aboiements, sa fureur rabique se manifeste, si elle était encore latente, se développe et s'exalte, si elle était déjà déclarée, et il se lance vers lui pour le déchirer de ses dents.

La présence du chien produit la même impression sur les animaux des autres espèces, quand ils sont sous le coup de la rage ; en sorte qu'il est vrai de dire que le chien fait l'office d'un agent réactif, à l'aide duquel on peut presque toujours, avec une très-grande sûreté, déceler la rage encore cachée dans un animal qui la couve.

XVII. — Le chien enragé fuit souvent le toit domestique, au moment où, par les progrès de sa maladie, les instincts féroces se développent en lui et commencent à le dominer ; et, après un, deux ou trois jours de pérégrinations, pendant lesquels il a cherché à satisfaire sa rage sur tous les êtres vivants qu'il a pu rencontrer, il revient souvent mourir chez ses maîtres.

XVIII. — Lorsque la rage est arrivée à sa période furieuse, elle se caractérise par l'expression de férocité qu'elle donne à la physionomie de l'animal qui en est atteint et par des envies de mordre qu'il assouvit toutes les fois que l'occasion s'en présente ; mais c'est toujours contre son semblable qu'il dirige ses attaques, de préférence à tout autre animal.

XIX. — Les fureurs rabiques se manifestent par des accès dans les intervalles desquels l'animal épuisé tombe dans un état relatif de calme, qui peut faire illusion sur la nature de sa maladie.

XX. — Les chiens bien portants semblent doués de la faculté de deviner l'état rabique d'un animal de leur espèce et, au lieu de lutter contre lui, ils cherchent à se dérober à ses atteintes par la fuite.

XXI. — Le chien enragé libre s'attaque d'abord, avec une très-grande énergie, à tous les êtres vivants qu'il rencontre, mais toujours de préférence au chien plutôt qu'aux autres animaux, et de préférence à ceux-ci plutôt qu'à l'homme. Puis, lorsqu'il est épuisé par ses fureurs et par ses luttes, il marche devant lui d'une allure vacillante, très-reconnaissable à sa queue pendante, à sa tête inclinée vers le sol, à ses yeux égarés et à sa gueule béante, d'où s'échappe une langue bleuâtre et souillée de poussière. Dans cet état, il n'a plus de grandes tendances agressives, mais il mord encore tous ceux, hommes ou bêtes, qui se trouvent ou qui vont se mettre à la portée de ses dents.

XXII. — Le chien enragé qui meurt de sa mort naturelle succombe à la paralysie et à l'asphyxie.

Jusqu'au dernier moment, l'instinct de mordre le domine, et il faut le redouter même lorsque l'épuisement semble l'avoir transformé en corps inerte.

XXIII. — A l'autopsie d'un chien enragé on rencontre, d'une manière presque constante, dans son estomac, un mélange de corps disparates, tels que du foin, de la paille, des crins, de la laine, des lambeaux d'étoffes, des morceaux de cuir, des débris de cordes, des étoupes, des excréments, de la terre, des feuilles, du gazon, des pierres : toutes substances qui, par leur présence et leur assemblage, ont une grande valeur probative de l'existence de l'état rabique sur l'animal où on les constate.

XXIV. — Le moyen le plus sûr de prévenir les effets des inoculations rabiques est la cautérisation immédiate, par le fer rouge de préférence, et, à son défaut, par la poudre de chasse et par les agents caustiques. Plus tôt cette cautérisation est faite et plus il y a à compter sur son efficacité.

XXV. — Si la cautérisation ne peut être faite immédiatement après la morsure, il faut, en attendant, laver la plaie, l'exprimer très-énergiquement pour en faire sortir le sang, opérer sur elle des succions avec les lèvres, en rejetant très-vite le liquide aspiré par la bouche, comprimer très-fortement ses bords et d'une manière continue, appliquer, si c'est possible, une ligature circulaire, pour suspendre le cours du sang.

XXVI. — Après l'emploi de ces moyens, qu'il faut toujours appliquer les premiers, on peut avoir recours avec avantage à l'un ou à l'autre des différents traitements préconisés contre les morsures rabiques.

XXVII. — La cause principale, et l'on peut presque dire exclusive de la rage canine, étant sa transmission par des morsures de chiens enragés, tous les chiens mordus ou suspects de l'avoir été doivent être mis hors d'état de nuire, soit par une séquestration prolongée pendant huit mois au moins, soit par un abatage immédiat.

XXVIII. — Les propriétaires des animaux enragés sont responsables des sinistres qu'ils causent, vis-à-vis des personnes qui en sont victimes, car aux termes des articles 1382, 1383 et 1385 du Code civil : « 1° Tout fait quelconque de l'homme

» qui cause à autrui un dommage, oblige celui par la faute
» duquel il est arrivé à le réparer.

» 2o Chacun est responsable du dommage qu'il a causé, non-
» seulement par son fait, mais encore *par sa négligence ou par
» son imprudence.*

» 3° Le propriétaire d'un animal, ou celui qui s'en sert,
» pendant qu'il est à son usage, *est responsable du dommage*
» *que l'animal a causé,* soit que l'animal fût sous sa garde, *soit*
» *qu'il fût égaré ou échappé.* »

XXIX. — Tous les chiens devraient porter, *au dedans comme
au dehors des maisons,* un collier indicateur des noms et de la
demeure de leurs maîtres.

Ma tâche est maintenant accomplie ; je vous ai dit, en com-
mençant, que je l'avais entreprise parce que j'avais la conviction que je faisais une chose utile. Je la termine en con-
servant cette conviction, et je ne crois pas me faire d'illusion
en pensant que je vous l'ai fait partager.

TABLE

Paris. — Imprimerie de E. Martinet, rue Mignon, 2.

NOUVEAU
DICTIONNAIRE PRATIQUE
DE MÉDECINE
DE CHIRURGIE ET D'HYGIÈNE VÉTÉRINAIRES

PUBLIÉ PAR MM. **H. BOULEY**, MEMBRE DE L'INSTITUT, INSPECTEUR
GÉNÉRAL DES ÉCOLES VÉTÉRINAIRES DE FRANCE, ET **REYNAL**,
PROFESSEUR DE CLINIQUE A L'ÉCOLE VÉTÉRINAIRE D'ALFORT.

Avec la collaboration d'une Société de professeurs et de vétérinaires
praticiens, qui sont, pour les huit premiers volumes : MM. BAILLET,
P. BROCA, professeur à la Faculté de médecine de Paris, chirurgien
des hôpitaux ; CHAUVEAU, CLÉMENT, CRUZEL, E. FISCHER, EUG.
GAYOT, J. GOURDON, A. LAVOCAT, LEBLANC, MAGNE, MERCHE,
PATTÉ, EUG. RENAULT, A. SANSON, TABOURIN, S. VERHEYEN.

Mode de publication et conditions de la souscription

Le NOUVEAU DICTIONNAIRE PRATIQUE DE MÉDECINE, DE CHIRURGIE
ET D'HYGIÈNE VÉTÉRINAIRES se composera d'environ 15 forts volumes
in-8, qui paraîtront successivement. — Le prix de chaque volume est
de 7 fr. 50 c. rendu franco dans toute la France et l'Algérie. — Les
tomes I à VIII sont en vente ; le tome IX est sous presse.

BOULEY (H.), membre de l'Institut, inspecteur général des Écoles vétérinaires. — TRAITÉ DE L'ORGANISATION DU PIED DU CHEVAL, com-
prenant l'étude de la structure, des fonctions et des maladies de cet
organe (1re partie : Anatomie et Physiologie). Accompagné d'un
atlas de 34 planches dessinées et lithographiées d'après nature, par
ED. POCHET. Prix : figures noires, 10 fr.; figures coloriées,   16 fr.

BOULEY (H.). — DE LA PÉRIPNEUMONIE ÉPIZOOTIQUE DU GROS BÉTAIL.
Rapport général des travaux de la commission scientifique instituée
près le ministère de l'agriculture, du commerce et des travaux publics, rédigé par M. le professeur H. BOULEY. In-8, 1854. 2 fr. 50

BOULEY (H.). — RAPPORT SUR LA RAGE, considérée au point de vue
de l'hygiène publique, de la police sanitaire et de la prophylaxie.
1863. Prix :   2 fr.

BOULEY (H.). — PESTE BOVINE. — Rapport adressé à M. le ministre
de l'agriculture. In-8, 1867. Prix :   1 fr. 50

PARIS. — IMPRIMERIE DE E. MARTINET, RUE MIGNON, 2.